现代环境艺术设计与中国传统文化

于 洋 著

吉林出版集团股份有限公司 | 全国百佳图书出版单位

图书在版编目（CIP）数据

现代环境艺术设计与中国传统文化/于洋著.--长春:吉林出版集团股份有限公司,2022.7
ISBN 978-7-5731-1639-0

Ⅰ.①现… Ⅱ.①于… Ⅲ.①环境设计－关系－中华文化－研究 Ⅳ.①TU-856②K203

中国版本图书馆CIP数据核字(2022)第115460号

现代环境艺术设计与中国传统文化

著　　者　于　洋
出 版 人　吴　强
责任编辑　孙　璐
装帧设计　万典文化

开　　本　787 mm×1092 mm　1/16
印　　张　11
字　　数　200千字
版　　次　2022年7月第1版
印　　次　2024年4月第2次印刷

出　　版　吉林出版集团股份有限公司
发　　行　吉林音像出版社有限责任公司
　　　　　（吉林省长春市南关区福祉大路5788号）

印　　刷　三河市嵩川印刷有限公司

ISBN 978-7-5731-1639-0　　　定　价　78.00元

如发现印装质量问题，影响阅读，请与出版社联系调换。

前　言

改革开放以来，我国的经济水平一直呈现出一种稳步提升的状态，在这种情况下，人民的生活水平亦获得了大幅度地提高。然而，随着社会的发展，环境日益被破坏，资源被恶意开发，人们的生活环境越来越糟糕。现在人们对环境的重视程度越来越高，对居住环境和居住环境的要求也在逐步提高。由此产生了一门新的学科——环境艺术设计。它的出现和发展可以更好地设计出适合人们的生活和工作环境，为人们创造更好的生活环境，满足人们对高品质生活的追求。

环境艺术设计作为一门新兴学科正在蓬勃发展。特别是近几十年来，随着世界范围内对人类居住环境的关注和重视，环境艺术设计迎来了一个发展的黄金时代，涌现了一大批优秀的设计师。然而，环境艺术设计是一门综合性很强的学科，是各种艺术的结合，有很多的专业知识是设计师需要学习和掌握的。

在丰富的精神世界中，人类从自然环境和积累的生活感悟中形成了自己的审美哲学。在众多的美学哲学中，有快乐的哲学，也有忧郁的哲学。寻求一种完美的生活心态和审美态度已成为贯穿整个人生的问题，并形成了全民族的审美思维习惯。中华民族典型的审美思维习惯主要体现在儒、道、禅三大思想美学中，形成了具有中国特色的传统审美文化。它是不同时期、不同类型的人对环境与人、人与社会、社会与环境关系的一种认识和诠释，其最终目的是对生命的精神安定和超越。每个人的灵魂审美表达都需要美学思想的支撑，我们的艺术创作和设计美学都离不开美学哲学。

在编写这本书的过程中，笔者为了进一步地翔实本书内容，查阅了大量的文献与资料，最大限度地来保证本书内容的准确性。但基于水平有限，书中难免会出现一些不当、遗漏之处，请广大读者予以批评和纠正，以便进一步修改和完善。

目 录

第一章 环境艺术设计概述 ··· 1
 第一节 环境艺术设计的概念与本质 ······································· 1
 第二节 环境艺术设计的特征 ·· 6
 第三节 环境艺术设计的原则及价值 ······································ 13
 第四节 环境艺术设计的生态理念 ··· 16

第二章 环境艺术设计的基本要素 ·· 23
 第一节 环境艺术设计的空间形态构成 ·································· 23
 第二节 环境艺术设计中的色彩运用 ···································· 29
 第三节 环境艺术设计中的材料运用 ···································· 34
 第四节 环境艺术设计中的视觉元素运用 ······························ 39

第三章 环境设计中的美学特质 ·· 43
 第一节 设计美学与环境和谐 ··· 43
 第二节 传统美学与环境设计 ··· 54

第四章 传统文化的发展对现代设计的影响 ······························· 69
 第一节 中国传统文化的概念分析 ······································· 69
 第二节 中国传统文化元素界定及其表现 ······························ 77
 第三节 中国传统文化的发展对现代设计的影响 ····················· 87
 第四节 中国传统文化与现代设计的融合 ······························ 89

第五章 环境艺术设计中的传统文化元素的运用 ························ 97
 第一节 环境艺术设计与传统文化之关系 ······························ 97
 第二节 环境艺术设计中运用传统文化元素的原则 ················ 101
 第三节 环境艺术设计中运用传统文化元素的创意方法 ·········· 109

第六章 中国环境艺术设计的本土化建构 ·················· 113
第一节 空间形态的本土化 ······················· 113
第二节 本土历史人文因素在环境艺术设计的运用 ············ 114
第三节 本土建筑装饰材料在环境艺术设计的运用 ············ 120
第四节 本土植物在环境艺术设计中的运用 ··············· 125

第七章 环境艺术设计中民族文化元素的应用 ················ 127
第一节 环境艺术与民族文化结合 ··················· 127
第二节 民族特色景观环境再生设计 ·················· 136
第三节 民族文化特色的商业空间建筑分析 ··············· 140

第八章 民居环境设计与传统文脉 ······················ 147
第一节 传统民居室内设计与环境的融合 ················ 147
第二节 家具、灯烛的设计与室内陈设 ················· 149
第三节 高雅艺术与室内陈设的融合 ·················· 157
第四节 民间艺术在室内陈设上的体现 ················· 163

结束语 ···································· 168

参考文献 ·································· 169

第一章

环境艺术设计概述

第一节　环境艺术设计的概念与本质

作为重要的艺术表现形式之一，环境艺术设计是实用艺术与大众化艺术的结合，在改善人们生活环境的同时，在很大程度上满足了人们的审美需要和理想。在社会经济快速发展的今天，环境艺术设计已逐渐成为我国艺术设计行业的重要组成部分，并表现出特有的个性化，在我国社会主义现代化建设中发挥着重要作用。

一、环境艺术设计的内涵

环境艺术是依据环境而存在的一种艺术表现形式，将作品融于环境氛围中，通过材质肌理、空间体型、比例尺度等造型来使得艺术得以表现。在环境艺术作品中，强调作品与环境相互依存和融合的关系，以及对于艺术观念的表达。而环境艺术设计的内涵十分广泛，涉及人们所能耳闻目睹的一切事物，包括地区及城市规划设计、建筑设计、园林、广场等公共空间设计，景观设计、雕塑、壁画等环境艺术作品的设计以及室内设计和设施设计等内容。因此，环境艺术设计是对人类生活方式、行为、生存环境以及社会行为的整体协调设计和引导，是一项蕴含人们生存环境各个系统工程的综合艺术。从表现意境上分析，环境艺术可以分为三个不同的层次。人居环境包括自然环境和人造环境。自然环境是山川、湖泊、空气、阳光和水等因素构成的自然特定环境。而在人居环境中，经济、商业、休闲娱乐环境由人与环境互动共同创造，是富有生活情趣和活力的空间环境。在人居环境中，人类本身的素质和生活经验、审美观点和情趣、对环境的判断力之间有着内在的联系。为实现人们生理、心理享受需求的满足，需要这三种表现层次能够相互统一。因此，环境艺术的重要作用在于使居住在某一特定环境的人与某一特定的环境之间相互制约、相互连动、相互感应，从而使得人与环境产生共鸣。

在具体应用过程中，环境艺术的媒介作用有利于人与自然的有机结合。

二、环境艺术设计的构成

环境艺术设计是一个尚在发展的学科。关于它的学科研究对象和设计的理论范畴及工作范围和定义的界定，目前没有比较统一的认识和说法。事实上，任何一个学科都应具有自己独特的研究领域和较为完备的基础理论体系。环境艺术设计也不例外，它拥有自己的理论原则和知识框架。

环境艺术设计的基础知识包括：建筑制图、绘画、立体构成、色彩构成、人体工程学、结构物理等。相关应用学科包括：建筑学、城市规划、植物学、结构工程学、电气工程学、材料学、光学、声学、气候学、地质学、生态科学等。相关设计理论包括：哲学、美学、社会学、经济学、艺术、民族文化、社会法规、心理学等。

环境艺术设计的应用范围可以归纳为室内空间和室外空间两大类型。室内空间包括家居设计、酒店室内设计、餐饮空间设计、商业空间设计、运动空间设计、办公空间设计、服务空间设计、展示空间设计、娱乐空间设计等。室外空间设计包括城市环境设计、广场设计、街道设计、园林设计、景观设计、建筑立面、景观照明等。

三、现代环境艺术设计的基本特征

区别于其他艺术形式，环境艺术设计是对人类生活环境的改善，也是对审美需求的满足。现代环境艺术设计具体整体和谐美、动态美、特色美等审美特征，强调个体在整体中不容忽视的地位，重视在不同环境下同一环境艺术作品的不同效果，并要求将环境特色作为环境艺术设计的核心因素。具体分析来看，现代环境艺术设计的基本特征主要表现在以下几个方面：

（一）现代环境艺术设计人文性与自然性的统一

现代环境艺术设计是一种实用性的艺术，它本身具备服务性的功能，所以在现代环境艺术设计中完成一个作品的过程是一个必须要尊重人的根本利益的过程。

（二）现代环境艺术设计是积极性与无害性的统一

现代环境艺术设计的积极性是指现代环境艺术作品需要表现出正面的、肯定的以及歌颂的主体。而无害性主要体现为环境艺术设计应当是一种科学的规划以及对审美的创造，它能够实现自然环境与人类之间的和谐，无论对自然还是对人类都是有利无害的。

（三）现代环境艺术设计是多样性与整体性的统一

现代环境艺术设计需要满足不同对象或者人群的需要，在现代环境艺术设计中，设计材料将越来越多样化，这也对环境艺术设计呈现出多样化的发展趋势提供了条件。同时现代环境艺术设计又具有整体性，需要具有统一的、科学合理的设计理念。

（四）现代环境艺术设计是实用性与审美性的统一

现代环境艺术需要满足人们的生理需要，也需要满足人们的审美需求，它需要通过构造意境或者氛围来给予人们更好的审美体验。

四、环境艺术设计的相关学科

对环境艺术的研究，是从研究环境技术科学、人对环境的心理行为要求、艺术与建筑历史及社会需求开始的。在此简单阐述一下这几项学科在环境艺术设计中的作用。

（一）环境技术科学

环境技术科学包含建筑结构、材料、电气系统、水暖系统、空调系统、通讯系统、消防系统、智能系统等等。环境技术的完善发展，特别是高新技术的出现，使环境艺术有了更加广阔的表现空间以及更加明确的特征和主题、更高的物质和精神品质。设计如果忽视技术的基本原则，将在客观上阻碍环境艺术设计科学的发展，出现这样两种现象：一是方案千好万好，却无法实施，只是因为设计没能与技术设备相协调；另一种现象同样是因设计师技术知识的匮乏，导致设计方案唯命是从地被技术牵着鼻子走，沦落为做一些为技术设备涂脂抹粉的工作。我们已经进入到了一个技术化、信息化的时代，可以辩证地认为，先进的环境技术不但不会束缚环境艺术的发展，相反还会起到促进作用。

（二）环境心理学和行为学

"设计必须以人为本"，是环境艺术设计必须遵循的原则。然而，人的最基本的行为因素究竟都包括什么？它与环境又是怎样的关系？怎样将其理论纳入到具体的设计之中去？我们存在一种传统或习惯，即一味倾心于主观的美感意识，追求所谓的神韵和风格，抒发诗情画意，自信使用者将遵循其设计意图去体验、感受和享用，然而，结果却常常事与愿违。更糟的是有些设计还会造成经济损失，以及对人行为的误导。环境心理学和行为学力图在设计者与使用者之间架设桥梁。它以社会学、经济学、生理学、哲学、物理学等多种学科为基点，探讨在环境当中人的心理欲望和行为习惯，继而提出一种新的设计依据，使环境艺术设计更具有针对性，更符合人的行为习惯和心理满足，也就是说应该在功能与美学两个范畴的广泛意义上，使我们的物质环境尽善尽美。其意义还在于，在社会层面上将指导设计师创造出符合社会发展规律、法律和管理的高质量环境，从而提高人的生活质量，改善生存环境，提高工作效率，引导人的正确行为及积极向上的精神，培养健康的审美情趣。正如一位学者所说的："形式并不重要，重要的在于是否能产生功能"。

（三）民族和地域文化研究

民族和地域文化的继承与发展是伴随人类发展、社会发展不可回避的问题，过去被研究，将来还将继续被研究下去。继承是为了发展，肤浅而表面化地运用传统符号和艺术形式不是结果。真正的目的是从精神和文化的角度进行深入的研究，运用哲学、美学、宗教、地理、气候、类型学、符号学等相关学科来完善对民族和地域文化的继承和发展的研究，理解传统形式中的内涵，深入分析和提炼其精华，从而得心应手地运用建筑语言，表现其文化内涵、人文意境和美学特征。中国进入世界经济政治体系之中，外来文化将对中国产生巨大的冲击，文化艺术领域更是明显。民族文化的弘扬和发展，是多少代人孜孜以求的目标，而发展的根基就在于我们拥有自己独特的文化，并且应具有独特的发展认识。我们说了很久的一句话是"只有是民族的，才是世界的"。

（四）关注生活、关注社会的发展

互联网的出现，是继工业革命和计算机技术出现以后的又一次革命。家电设备可以通过计算机通讯来遥控，工作可以在互联网上完成。现代社会人们的政治生活、社会生活、经济生活都发生了根本的变化。从日常用品到居住环境，从购物方式到休闲生活，从学校教学到公司运作，无处不体现生机勃勃、积极向上的生命力。人们有了更多的时间创造生活、享受生活，而眼前的这一切还在不断地发展、变化，并没有形成最终的模式。环境艺术设计比其他学科更贴近于人的生活。关注社会的发展、技术的进步，关注人们生活方式的变化及相关艺术的发展，体验生活、了解眼前的社会，摸清社会发展的脉络，才能创造出人性化的环境艺术。一种技术的出现，一种观念的变化，一种时尚的流行，都会改变我们的生活，改变我们的设计。

五、环境艺术在未来的发展方向

人类自诞生以来，经历了适应环境、利用环境、改造环境的几个阶段，后来发展到污染环境、破坏环境。在相当长的一段时间里，人工环境的建设和发展是以对自然环境的损耗为代价的。这种破坏有两种原因：一种是人类为了自身的利益而毫无节制地向自然索取资源；另一种是由于我们对环境的认识不足，导致我们在改造生存环境的过程中无意破坏了生态环境。如造成光污染的城市亮丽工程、破坏生态平衡的大树进城、耗费土地资源的小城市大广场、浪费自然资源的过度装修，以及在没有科学的研究和分析下盲目进行的建设和发展等。

随着社会文明程度的提高、科学的进步与技术的发展，人们对环境、特别是对赖以生存的自然生态环境有了更深刻的认识，意识到保护自然生态环境和历史人文环境的重要性，意识到建立一种可持续发展的环境体系的重要性。正是在这种背景下，当代环境艺术观念得以逐渐形成和发展。

可持续发展思想已经成为国家发展决策的理论基础。环境艺术设计作为最贴近人的一种综合自然环境与人工环境的学科，在体现可持续发展的理念上相对其他学科更为突出。在可持续发展战略的总体布局中，它处于协调人工环境与自然环境关系的重要位置，而环境艺术设计最能够体现这一理念的基本方法就是尊重自然生态环境。其目标是实现人类生存状态的绿色设计，其核心概念是创建符合生态环境良性循环规律的设计系统。

另一方面，如果把对环境的研究只局限于物质环境方面，而忽视其形成和变化的社会和经济背景，要解决环境的根本问题显然是不可能的。城市化进程已经表明，人类赖以生存的环境是社会、经济和物质三方面相互联系和相互作用的有机整体。环境艺术设计是由以环境为研究对象的众多学科组成的，是自然科学和社会科学、基础科学和应用科学的有机结合。

人们普遍希望交流和对话，已经不仅仅满足于物质的丰厚和表面信息变化的享有，更追求深层心理的满足、感情的交流和陶冶，而不能容忍那种非人性的压抑环境，这是当代环境以人为主体的民主特征。生态是环境的本质，它包括自然生态，同时也包括社会人文生态。环境艺术从本质上讲，就是环境生态的艺术，环境艺术要考虑各方面生态现象的影响，考虑自然生态、社会生态、人文生态的平衡和发展问题。

应该建立科学的环境艺术评价标准。目前环境艺术的评价标准具有一定的模糊性和不确定性。原因是它是一个边缘学科、新兴学科，要涉及多种评价标准，相对于单纯的艺术门类要复杂。所以只有建立环境艺术的综合评价体系，才能协调多种标准各执己见的分歧。

建立可持续发展的、生态的、人文的环境艺术，将成为环境艺术设计理论建设和社会实践的未来发展方向。

第二节 环境艺术设计的特征

环境艺术设计是一门新兴的，与建筑学、城市规划学等密切相关的综合性学科，它属于艺术设计学科的一个分支。"环境艺术设计"可以理解为用艺术的方式和手段对建筑内部和外部环境进行规划、设计的活动。环境艺术设计的目的是为人类创造更为合理、更加符合人的物质和精神需求的生活空间。为人们的生活、工作和社会活动提供一个合情、合理、有效的空间场所。环境艺术设计追求的是"人性化"的空间场所，由于人的物质生活，尤其精神生活是一个多方位的、多层次的、动态的、复杂的群体反映现象，要满足人的各种不同要求，所涉及的知识和学科至少有：建筑学、城市规划、景观设计、人类工程学、环境行为学、环境心理学、美学、社会学、文化学、民族学、历史学、宗教学以及技术与材料等等方面，环境艺术设计是一门知以范围广，既边缘又综合的学科，是一项系统的工程。

一、环境艺术设计中艺术的特点

艺术的存在有多种形式，在不同的形式中，艺术往往会呈现不同的特点。如中国流行音乐艺术呈现出独创性、民族性等特点，中国古代雕塑艺术具有绘画性、意向性等特点。概括来说，环境艺术设计中的艺术主要有以下三个特点。

（一）呈现形式立体化

从空间呈现看，环境艺术设计中的艺术最初是呈现在设计者脑海里，纸面上的，但这不是最终呈现，最终是要落实到具体三维环境空间里，即从平面过渡到立体面，呈现形式立体化。立体化是通过建筑群体组织、建筑物的形体、平面布置、立面形式、内外空间组织、结构造型，亦即建筑的构图、比例、尺度、色彩、质感和空间感体现的。

园林是一种立体空间综合艺术品，是通过人工构筑手段加以组合的具有树木、山水、建筑结构和多种功能的空间艺术实体。苏州园林建造时，还没有环境艺术设计这一概念，但却是这一概念的具体实践。苏州园林被称为是"无声的诗，立体的画"，苏州园林在有限的空间范围内，利用独特的造园艺术，将湖光山色与亭台楼阁融为一体，把生意盎然的自然美和创造性的艺术美融为一体，令人不出城市便可感受到山林的自然之美。苏州1园林以建筑、山石、水和植物等四大物质构成要素，尤以廊、桥、楼、假山、池水为特色。

不论建筑、山石、水和植物，都是立体实物形态，总体来说，苏州园林的空间布局，物质要素呈现等都体现了呈现形式立体化的艺术特点。

（二）表现形式静态化

人类的艺术活动领域非常广阔，几乎涵盖了社会生活的方方面面。从运动形式看，艺术的表现有三种，即动态艺术、静态艺术以及动静结合形态的艺术，其中以前两种最为主要。舞蹈，声乐，表演，行为艺术等都属于动态艺术，而静态艺术更为复杂，形式更为多样，主要有绘画、雕塑、建筑、摄影、书法等门类。静态艺术包含造型性、视觉性、静态性和空间性四个基本特征，具有更强的具有直观性和具体性。环境艺术设计中的艺术则是静态艺术的综合体，它囊括了绘画、雕塑、建筑等多种形式，是综合性的静态表现。家居装饰是近年来发展起来的新兴事物，受到人们喜爱。

家居装饰是环境艺术设计的有机构成。家居经装饰后，其所呈现出的美更加精致，更有内涵，更为丰富，从而形成一种特有的审美风格。装饰艺术的审美风格是从物质特有的具体性出发，经过设计、装饰而形成的特征性的表现形态。它体现了艺术实用与审美的统一，艺术与环境的协调统一，这两种统一都是以静态的形式体现出来，可以说家居装饰是环境艺术设计中艺术表现形式静态化的具体表现。

（三）体现形式综合化

环境艺术设计中的艺术不像雕塑、声乐、绘画等是单门的艺术，环境艺术设计中的艺术有了物质基础和空间布局，可以进行多种形式的艺术创作，因而体现形式综合化。它统筹考虑了环境的装饰、绘画、诗文、雕刻、花纹、庭园、家具陈设等多个方面的，经过综合处理所形成，因而是一种综合性艺术。

苏州园林里的园林建筑与景观又有匾额、楹联之类的诗文题刻，这些充满着书卷气的诗文题刻与园内的建筑、山水、花木自然和谐地糅合在一起，使园林的一山一水、一草一木均能产生出深远的意境，这就是环境艺术设计中艺术综合化的体现。

另外，根据内容和形式不同，环境艺术设计中的艺术还呈现其他特点，比如抽象性特点、意向性特点等。

总之，环境艺术设计是综合性设计，包含了园林规划设计、园林植物配置与造景设计、园林工程施工、室内外装饰设计、空间设计等方面。设计是沟通环境和艺术的桥梁，艺术是其本质属性，在环境艺术设计中，"艺术"的呈现形式具有立体化、静态化、综合化等特点，这是环境艺术设计中，"艺术"的独特体现。

二、环境艺术设计的特征

所谓特征，就是指事物特点、征象、标志。环境艺术设计作为一门专门的学科，尽管与其他学科，譬如建筑学等有着或这或那的相近之处，但是各自的研究范围、重点等仍有所不同，作为一门独立的学科，环境艺术设计有它自身的特点和规律。环境艺术设计包含了自然、人工、人文要素，从地理、生态、建筑、材料与技术到哲学、伦理、人体工程、心理、历史、经济等几乎无所不包，凡与人关联的各方面都与环境艺术设计相关。从层面上说，环境艺术的对象可以小到一件家具，一件陈设品，大可"到城市、国家乃至全球。正由于环境艺术有着如此的广泛的包容性，要简单概括环境艺术的特征是较难的，以下我们逐一来分析环境艺术设计的特征。

（一）多功能（需求）的综合特征

对于环境艺术功能的理解，人们往往仅停留在对实用（使用）的层面上，但实质，功能除了使用作用外，环境艺术还有信息传递、审美欣赏、反映历史文化等作用，因此环境艺术设计是列多种功能需求的一种解决方式。

任何一个环境的功能要求都是多方面的。首先是使用的要求，如摩内空间的大小和形状都与具体的使用相关联，声音、光照、热能、空气等也是满足功能的基本条件：卧室、厨房、客厅、办公室、展览厅、商场都有各自的物理和生理上的具体要求，使用功能的要素就是提供方便、有敬、客观实在的环境。不同性质的活动和行为必然提出相应的功能要求，从而就需要不同形式和物理条件的环境去满足功能的需求，这是设计对使用功能考虑的变量范围。当然，仅仅达到使用的目的是不够的，环境的另一不可忽视的方面是它的信息传递功能。环境以它的特定的存在形式给人们提供使用功能的同时，也以它的形态、色彩、质地等构成（符号）传递着各种信息，意味和情趣。信息传递是对环境艺术深层次精神领悟的基础，一个特定空间的形态、色彩的组合、材料的质地、家具与设施的配置等给人以多种信息，墙面上一定比例关系的涧口告诉人们这是门，或窗，立体的一定高度和比例关系的台子很容易辨识是餐桌、书桌或办公桌等，这类信息是与使用功能紧密关联的最为基本的信息，如入口、通道、楼梯、开关、休息区域、工作区域、各种设施等等，它们是实现和保证使用功能的基础。除了基本信息外，环境还向人们传递着心理才能感受的信息，如和谐、协调、杂乱、整齐、轻松等，这类信息是人类共同能够感觉的，艺术的形式美就是建立在这种感觉能力的基础上的。震撼、崇高、伟大、悲怆等意境联想和寓意等是深层次的信息传递，这只有在一定文化背景下的人才具有的感受和理解的能力，这类的信息传递和理解在不同人群中差异性很大，也就是文化的差异性，在设计中是特别需要注意的。

在信息传递基础上的审美和精神文化功能是对环境艺术设计评价的重要方面，一项环境艺术的设计，仅从满足使用要求上来说，相对是比较容易做到的，因为物理和生理上的满足可以有比较确定的数据和指标，完成指标要求也就实现了使用功能。而精神和审美意义上的标准却有相当大的不确定性，这就是文化差异的区别，不同地区、不同时代、不同民族，甚至受不同教育层次的人对环境的精神和审美的理解和认识都会产生相当大的区别，所以如何满足这方面的功能需要往往是设计的关键所在，尤其是一些体现历史和时代等精神文化性质的建筑与环境，如文化设施、广场、纪念馆、博物馆等具有标志性和纪念性的建筑和环境。环境艺术设计要满足各种不同的功能要求，具体的环境对功能需求程度又不尽相同，有些强调使用功能，有些偏重精神功能。在设计中，使用功能与精神功能是既矛盾又统一的关系，因此，协调、平衡和综合各功能之间的关系是环境艺术设计的重要部分。

多层面的分析和考虑又是环境艺术设计的特征之一。环境艺术设计从宏观的，大到城市的整体规划，及小到室内一个电器开关的造型、色彩，一件家具的放置位置，一个门拉手的触感等的考虑和设计，它的范围是极为广泛的。同时既有极为抽象的思考内容，如文化性、民族性的含义及意味等，还有非常具象的思考对象，如空间的形象、色彩的关系、家具的造型等。时而需要逻辑的理性思维，时而又是情感的感性思维，环境艺术设计是一种多方位的立体思维模式，这又显示了它的复杂性的一面。如此之多的功能要求和各种层面的关系考虑给环境艺术设计带来了难度，所以从某种意义上说，环境艺术设计是一门受限制的设计艺术，它需要有艺术的开创性质，实现新颖、趣味、意义和审美等价值，又需要严谨科学的态度来完成各种具体功能的实现，环境艺术设计也可以说是在多重的复杂的关系中寻找一种平衡，一个最佳的契合点，这就是环境艺术设计的特点。

（二）多学科的相互交叉特征

环境艺术不是纯欣赏意义的艺术，不是完全表达个性的艺术家的作品。环境艺术是一门综合学科，它是功能、艺术、技术的统一体。它是自然、社会、人文、艺术多学科的融合，它包含了地理地貌、气候种植、历史文化、民俗民情、工程技术、环境心理、环境行为、人类工程、审美欣赏等各方面的知识。环境艺术的多学科不是部分与部分相加的简单组合关系，而是一个物体对象上的多方面的反映和表现，是一个交叉与融合的关系。环境艺术的多学科特征表明了它的内涵的丰富性和外延的广阔性，所以，作为一个设计师应该具备多方面的知识和能力，才能适应环境艺术设计工作的要求，环境艺术设计师应该是一个"全才"。环境艺术设计不是个人行为，它的实现需要各方面人员的合作与配合，所以，听取各方面的建议和意见，与相关专业的协调是环境艺术设计师必须具有的素质之一。

（三）多要素的制约和多元素的构成特征

从性质上去理解环境艺术，那么它的组成要素有地理条件、使用功能、经济、科学技术、艺术、文化等，环境艺术的实现需要各要素的支撑，但同时每个要素又列环境的整体提出具体的要求，指定一个范围，也可以说是对环境进行某种制约。譬如具体的环境艺术项目必然是建立在特定的地理环境中的，这片土地的地形、地质、光照、水源等状况都会对设计造成某种影响、某种限制，限制也就是制约。环境艺术设计要有经济的支持，经济也往往对环境艺术设计形成很大的制约性，设计是要求在一定经济投资的范围内去进行，经济的原则是花最少的钱来达到最好的效果。因此所有的设计都是在充分考虑经济承受能力的前提下才能做出的。功能的制约在前面的小节中已有分析，功能对设计的制约是最直接的，最为显然的。并不是所有的设计都可以实现的，因为设计最终要靠施工，要靠技术来完成，技术上不能实现的设计就成了空中楼阁，譬如，著名的悉尼歌剧院最初的设计就受到了许多人的批评和反对，其中包括一些专家，因为这个设计没有很好地考虑结构与技术上的问题，也就是说当时的建筑技术还难以使这个空间实现，后来请了结构工程设计专家来解决这个问题，经过多年的努力，终于找出了解决问题的办法，但因此这个项目也拖延了许多年，并且花了超出预算好几倍的投资才使设计最终完成。科学技术对设计的制约是非常大的，了懈和熟悉技术也是设计师必须做到的。艺术和文化同样也对设计形成一定的制约关系，艺术和文化的观念、思潮、风格等会影响环境艺术设计，艺术与文化水平的高低从某种程度上可以决定环境艺术设计的最终的质量。对于多种要素的制约，要求在设计中充分分析各种要索关系，综合、平衡后找出一个最为合理、合适的方案。从视觉的角度去理解环境艺术，那么它的构成也是一个多元素的，有土地、植物、森林、山石、水、空间、建筑、光、色彩等，其中有大自然的鬼斧神工，山川、湖泊、河流、草坪、树木等，也有人工巧匠的艺术创造，建筑、设施、雕塑、绘画、家具、小品等，环境艺术设计是人工与自然的结合的产物。

（四）公众共同参与的特征

环境艺术设计的另一特征就是公众共同参与设计。环境艺术设计从开始计划、构思到最后的实施完成，需要经过一系列的程序和过程，这个过程会有各个方面的人员对方案进行审定和提出各种建议，有些城市的公共环境设计还需要经由全体市民的介入，征求百姓的意见等。一般来说，一个环境艺术设计方案要经过投资方的认定，投资方会对成本核算等方面有较严格的审核；要通过使用方的认可，使用方对功能的要求，对最后的使用与审美等方面有具体的建议和意见。设计方案需要施工才能实现完成的，施工的具体工艺和技术上的问题工程技术人员或许会对方案提出一些具体的实际的看法和建议。笼统地说，环境艺术具有突出的公共性质，这是与纯艺术创作多属个人行为有着明显不同的区别之处。环境艺术是公众的艺术，嘲此，听取公众的意见，汲取大家的智慧，是设计师设计创作的基本方法之一。

三、地域特征与环境艺术设计的内在关系

地域特征从古至今都是真实存在的，不管时代怎么发展，地域特征都会走在时代的前沿。环境艺术设计也是随着地域特征改变而改变的，只有两者之间相互结合才能促进我国的环境艺术水平得到有效提升，同时还能对地域文化的传承做出巨大贡献。环境艺术设计不仅是一项艺术活动，同时也是推动社会进步和文化发展的基石。

（一）我国地域特征在传统环境艺术设计中的体现

我国是具有悠久历史的文明古国，在我国璀璨的历史长河下，拥有着丰富的民族文化特征，不同民族的地域文化又直接的反映在当地的建筑中，例如傣族的竹楼，内蒙古的蒙古包以及羌族的碉楼等，都体现出不同民族悠久的地域文化。在我国传统的环境艺术设计中，设计者多从自然的角度出发，以达到天人合一的境界，讲究人与自然的和谐相处。我国古代的园林艺术则是地域特征在传统环境艺术中的完美体现。

在我国古典园林的艺术设计中，追求自然成为园林设计思想中最重要的组成部分。"虽由人做，苑自天开"成为园林设计追求的最高目标和审美旨趣。在园林设计中，主要突出自然之美，遵从自然的发展规律，例如，在对园林中的山水进行设计时，要考虑到山石的脉络走向和水流的自然走向。园林的设计当然不能整体还原大自然的山水之美，只能从局部的设计中抽象地表达出来。我国古典园林的设计时刻都在传达着山美，水美这一亘古不变的主题，让不同国度和不同年龄的人感受着美的内涵。我国丰富的文化内涵也对我国古典园林的设计产生了极大的影响。

从我国传统的居民建筑中也可以看出地域特征给环境艺术设计带来的深刻影响。居民的建筑由于受到当地的地域特征和人文环境影响，使得居民建筑具有一定独特性。居民建筑由于与人们的生产、生活息息相关，因此具有明显的民族特色和地域文化特征。例如处在江南的地理环境中，河网交织，形成典型的小桥流水画面，在对房屋设计中，也多采用黑、灰以及墨绿等颜色进行色彩的处理，使人们宛如居住在山水画中。再比如北京的四合院，内蒙古的蒙古包，陕北的窑洞等，无一不体现着民族文化和地域特征给居民建筑带来的深刻影响。由于各地居民的自然环境因素，使得不同地域的居民建筑在建材以及建筑技术方面大有不同，不同地区的宗教信仰也使得居民建筑存在明显的地域文化特征。

（二）地域特征与环境艺术设计的内在关系

1. 地域特征体现环境艺术设计

地域特征是环境艺设计的体现，也是文化中不可或缺的一个部分。从整体性来讲，地域特征是人们在长期的生活下形成的，并且影响着人们对环境艺术的认知。以傣族的"竹楼"为例，它就是具有地域特征的环境艺术设计之一。它是根据当地的地势与地形所创造的，并且蕴含着人民的生活态度与思想观念。傣族隶属于云南，其气候比较潮湿，并且温度常年较高。为了能够适应这种环境，使自己的居住状态更加舒适，傣族人民利用自然资源中的竹子进行房屋的构建。在建筑的布局上，人们将房檐构造成"尖形"，将四个平面以方形呈现出来，并且屋顶四面不重叠，使房顶的坡度以较缓的状态呈现出来。

2. 地域特征是环境艺术的内在表达

地域特征是环境艺术的内在表达。中国窑洞是山西具有地域特色的设计之一，也是体现本土文化的主要建筑形式。窑洞主要是利用砖头堆砌而成的，并且有着一定的观赏性与环境艺术特征。从地域分布来讲，窑洞主要集中在西北部一带，例如山西、甘肃、陕西等等。这些地区的气候较为干旱，并且风沙现象比较明显。而窑洞则具有抗风沙，防寒的效果。窑洞主要是在深土层内进行设计的，在土的堆积下，它有着保暖的作用，并且能够隔绝过高的温度。为了能够突出黄土高原的景观特色，人们在窗户上将一些剪纸贴到上面，透过窗户，他们能够看到外面壮丽的景观，体现环境的艺术之美。

3. 环境艺术设计凸显地域特征

环境艺术设计也是地域特征的凸显。以福建的"土楼"为例，它令许多观赏者叹为观止，并且是福建客家人的主要象征之一。一般来讲，一个土楼中会有几十户或者是几百户人家共同居住。这就是土楼的建筑特色，也体现出一定的艺术性。它主要利用当地特有的土木资源进行构建，在水泥混合的基础上将木条以及竹条也糅合进去，再利用当地的粘沙土予以打造，能够体现一定的特色与便捷性。土楼的好处非常明显，它既能够在长久的时间内得以保存，也具有一定的观赏性。

总之，随着全球经济一体化进程的不断加快，西方的各种理念不断地涌入我国传统文化中，在带来新鲜血液的同时，也对我国的传统文化造成不小的挑战。我国是生活着五十六个民族的多民族国家，由于地域的差别，形成了具有不同特色的地域文化。不同地区的环境艺术设计都会在一定程度反映着这个地区相应的地域文化，但随着信息的不断交流，造成"千城一面"的现象大面积扩散，造成传统地域文化的逐渐消失。

第三节　环境艺术设计的原则及价值

现代环境艺术设计作为一门综合性的实用科学,在传承中国传统艺术的过程中,遵循整体规划、以人为本、科学发展、与时俱进等原则,充分体现了艺术设计中人与环境有机融合的和谐意识,其在改善人的精神生态方面发挥着积极作用;同时,现代环境艺术设计沿袭古典美学,给现代人带来更多多元化的审美视觉冲击,在环境设计中,也更多趋向于人文关怀,使环境在艺术设计上更具有人性情感,体现了环境与人的亲和性。

一、现代环境艺术设计的基本内涵

从系统论角度来看,环境艺术设计虽属于艺术类,但和其他纯具有欣赏意义的艺术相比,更加具有实用性。同时随着人们对社会需求的要求越来越高,环境艺术设计在注重实用的基础上,也越来越突出环境设计的艺术性、科学性以及功能性。现在的环境艺术设计不再仅仅是一个物化的环境,更是一个人文环境,作为设计者必须充分考虑其生态属性、历史属性和时代属性,要在为人们提供更为合理、舒适的生活空间的同时,营造出一个人文与自然高度融合的合成环境。

以工业化文明为特征的西方现代环境艺术设计,体现了西方物质与文化传统,其注重完善的公共设施、舒适的环境绿化、先进的制作安装工艺,强调给人们带来物质满足的美好享受。相对而言,中国环境艺术设计有着悠久的传统,是以悠久的历史时间和中国古典哲学、古典美学为基础而形成的深刻设计理念。在笔者看来,与中国传统文化相得益彰的现代环境艺术设计更具有生命力和发展潜力。

二、现代环境艺术设计的基本原则

为了真正实现现代环境设计的功能需求和价值体现,现代环境艺术设计在创作时必须遵循几条基本的原则。

(一)注重整体规划思路

在环境艺术设计中,除具体的实体的元素外,还涉及大量的意识、思想等方面的理念,可以说环境艺术设计是物质和精神的一大融合,必须从整体上进行通盘考虑。从我国古代环境设计看，其注重周边环境的营造和融入，深刻体现了环境设计中的整体规划思想。在现代环境艺术设计中，要充分运用自然因素和人工因素，让其有机融合，可以说整体和谐的原则就是要强调局部构成整体，不做局部和局部简单的叠加，而是要在做好局部的同时具有一个总体而和谐的设计理念。从更高层面上讲，环境艺术设计中的整体规划原则，更要体现人和环境的一种融入与共生，使两者做到相得益彰。

（二）坚持科学发展模式

在今天人类大肆破坏环境的前提下，科学发展越来越得到人类的高度重视。从本源上讲，我们开发和利用自然是为了更好地改善自己的生存、生活环境，但过度的开发和无节制的滥采，不仅仅造成了自然资源的损减，更多的是使不可复现的环境遭到了严重的破坏。科学发展的原则，是要求环境艺术设计必须真正落实到"绿色设计"和"可持续发展"上。在被人为设计的过程中，环境不光要供现代人使用，更要为子孙后代所运用。从具体的地域环境设计或室内环境设计看，除了低碳环保元素的要求，还要注重材料本身的健康和使用寿命，要体现环境设计的前瞻性和可预见性，不能因为一时的美观和实用，而有损长久的生存和发展。

（三）突出以人为本

环境是相对于人类而言的，人类在从事各类活动时，在被动适应环境的同时会下意识地去改造环境为我所用。所以环境的设计要强化和突出人的主体地位，要能够满足人的初级层面上的基本需求，例如人类居住的空间要空气通畅、光线充足。长期以来，我们在室内环境设计上基本是以此层面为重点。但在对外部环境进行设计时，尤其是某个区域、某个地段整体环境设计时，往往过度关注对环境的实体创造，在客观上忽视了人的存在，结果呈现出环境设计看似很美，但老百姓不并认同的尴尬现象。从另一个方面讲，环境设计遵循为人服务的原则，还要强调环境为人所依存的重要性，不能一味顾及人的使用，而出现大肆破坏环境的现象。所以在按照人的理想和需求进行环境设计时，一定要考虑环境本身对人类存在的反作用，尤其在对人类高层次的心理需求满足上的反向作用。

（四）坚持与时俱进

环境艺术的设计脱离不了本土化和民族化，故而必须对传统设计有所继承和发扬，尤其是对于有着几千年文化底蕴的中国而言，如何把中国传统设计中好的元素加以传承，已成为中国环境设计师的必修课程。例如，中国传统设计中追求的雅致、情趣等意境，利用自然景物来表现人的情操。另一方面环境设计又必须适应时代的发展和需求，在传承的基础上，集合时代的特征，有所创新和突破，赋予设计以新的内涵，而不是一味地复古。

三、现代环境艺术设计的价值取向

（一）树立和谐意识

从全球经济化的大趋势看，人与自然和谐共处是社会发展的主旋律。如何重新认识和传承中华民族优秀的文化精髓，已成为现代环境设计中一种新的价值取向。相对于民间风水的迷信学说，植根于中国传统文化土壤的堪舆学，很好地表现了古代环境设计在人生存方面的诉求。《汉书·扬雄传》云：堪舆，堪为天道，舆为地道，堪舆，天地之总名也。传统堪舆学的核心是天人感应、天地人合一的思想体系。从这个思想意义上出发，其追求的文化理念是天人合一，即对空间环境进行人性化创造，在满足人类舒适感的同时，能和周边环境、自然有机地融为一体。中国传统文化中有和为贵的说法，"和"的文化核心就是平衡。在环境艺术设计中，通过设计规则或不规则的景观，使自然实物或人文景观相互呼应、相互依存、相互映衬，从而形成"合"的统一整体，其最具代表性的就是紫禁城的规划设计。所以这个和谐价值的体现更多的是对中国传统文化—儒家思想的中庸之道的继承和发扬。在今天，和平和发展作为世界性两大主题，和谐的思想意识在环境艺术设计中更是被赋予了新的时代意义，成了构建和谐社会、和谐自然的代名词，真正体现了万物并育而不相害，道并行而不相悖。

（二）关注精神生态

在日趋残酷的现实竞争中，现代人普遍面临着精神生态失衡的问题。精神生态是指作为精神性存在主体的人与其生存的环境之间的相互关系。大量的案例说明，环境艺术设计能在改善人的精神生态环境方面发挥巨大的作用。正如梁漱溟所论及到的人的复杂性，人存有三重关系，即人与自然、与他人以及与自我精神的关系。如何正确处理好这三重关系，成为很多现代人头疼的事情，尤其是最后一种关系。好的现代环境艺术设计基于精神和艺术同属大自然的一部分，则可以很好地实现精神与艺术的有机融合。如何通过有效的环境艺术设计，实现人的本质力量外化投射，使其直接与人的理想、人格、精神等相融交汇，这是设计者需要认真思考的问题。例如在一色的建筑群中设计局部摇动的色彩群，可以使身处其中的人感到自然的风和生命力；再如在充满浓厚商业气息的建筑群中，巧妙设置室内花园、空中花园，给购物的顾客创造一个温馨的休息空间，则可以很好地使顾客保持愉悦的情绪。

（三）延续美学特征

席勒认为人存在着三种基本冲动，即以自然原则为基础的感性冲动，以理性原则为基础的形式冲动以及以审美原则为基础的游戏冲动。这三种冲动又形成了三种文化状态—自然状态、道德状态和审美状态。审美状态是人的精神解放和全面和谐发展，是进入美的王国的最高境界，也就是人类文化、人类文明发展的最高境界。基于此，环境艺术设计不可避免地要接受人们的评头论足，接受褒贬不一的各类评价，这实际就是环境艺术设计美学价值的体现。环境设计的美学思想，在中国古代建筑、园林中得到了充分的运用。无论是气势恢宏的故宫，还是移步换景的私家园林都深刻带有古典美学的烙印。

（四）满足情趣诉求

如果环境设计的结果只是呈现给人们一个满足人类活动基本要求的物态环境，这样的设计无疑是毫无价值可言的。艺术化的环境设计能够充分展示其价值，环境的情感化设计、趣味化设计是人们生活品质的需要，也是当代环境设计发展的重要方向。环境艺术设计应从人的心理出发，以人的情感需求为依据，营造一个可以让人们自然流露情感的空间环境，实现情感上的交流与沟通，从而实现人对环境的心理认同感和归属感要求。尊重人性化，注重个性化发展，是环境艺术设计需要高度关注的因素。如何做到因人而异、因地制宜，以达到健康、舒适、具有人情味的环境空间，对于现代环境设计是一个很大的挑战。因此在环境设计中要给予环境多元化的人文关怀，注重用情感创造空间，用趣味营造氛围，从而使环境艺术设计更具有人性情感，更能符合现代人对环境的审美需求和心理需求，实现环境与人的"亲和性"。

综上所述，现代环境艺术设计在其发展中充满着冲突和抵触，然而对其价值进行分析梳理，可以很好地理清环境艺术设计未来发展的大脉络。在现代环境艺术设计中，要注重人与自然、物质与精神之间的和谐，要在美好享受中去追求身心愉悦、至真至善的精神世界，从而真正实现现代环境艺术设计终极人文关怀。

第四节 环境艺术设计的生态理念

"生态"在不同的学科、不同的行业内有着不同的内涵。就环境艺术设计而言，"生态"意味着在设计中充分考虑自然生态的变化，遵循大自然本来的生长规律，不以所谓的艺术美感之名添加过多工业元素。自20世纪80年代以来，人们开始关注工业化迅速发展带来的生态破坏，并开展了一系列"绿色运动"表达对生态破坏的担忧和反对。在环境艺术设计领域，越来越多的人对"绿色设计"有了更多的认同，从而推动了生态理念的进一步发展。时代的发展注定使人们更多地将注意力放在绿色、环保以及对自然生态的保护方面,作为与自然生态接触密切的环境艺术设计领域,必将在未来更为深入地融合生态理念,促进对自然生态的保护,促进本行业的持续、健康发展。

一、环境艺术设计中融入生态理念的必要性

(一)环境需求

当今世界,随着高科技的迅速发展与社会生产力的巨大进步,人类社会取得了巨额财富。然而,工业文明的迅猛发展是一把双刃剑,在为人类社会带来便捷和舒适的时候,也让我们饱受了因此而出现的各种不利影响。…环境破坏、资源紧张、生态失衡等一系列负面问题开始悄然逼近。人类的生存与发展环境也同样受到了空气污染、饮用水污染、气候变暖、雾霾等诸多威胁。巨大的环境压力和生态问题给人类敲响了警钟,人类开始深刻反思自身的发展方式、生产手段、生存环境等等,生态保护意识正在逐步觉醒。

(二)社会需求

从一定的角度理解,艺术可以说是将精神与物质有机统一起来的方法之一,把四周环境的形态与质量进行最佳的设计,将这一环境进行优化,并使其展现出最美的审美价值,是所有设计者所要考虑的重点。现代的人们提倡和谐进步,其中人与自然的和谐共处就是典型的一个主题。从特定的角度考虑,环境的审美感觉要次于环境质量的重要性,因此新时期的设计开始迎合社会发展的需求,逐步趋向于回归自然的态势。

(三)心理需求

当今社会正处于竞争异常激烈的发展阶段,很多行业都要面临着优胜劣汰的社会选择,人们所要承受的压力逐步加大,所以在这种压抑的生活环境中寻找一个合理的发泄方法,让人们的神经得到舒缓放松就显得尤为重要。而生态的意识观念正好迎合了人们的这种情感需求,因为在自然的生态环境中人们能够更好地放松自己的身体和心情,并可以逐步舒缓由于外界而造成的心理压力。

(四)艺术需求

艺术从本质来看,产生于"生活"但高于"生活",此处所指的生活并非经过加工、改动过的人为生活,而是原原本本的生活,从这原生态的生活现象透视生活的实质,从而获取创作的素材与灵感,并最终创造出所谓的艺术品。艺术归根到底是在追寻最真切的事物,将事物的原生态面貌呈现出来。因此,环境艺术设计中融入生态理念的做法,不仅是

对优秀传统文化的发扬,更是对真正艺术的崇尚与尊重。

二、环境艺术设计中生态理念的特性

环境艺术设计中生态理念强调的重点是人与自然环境之间要确保和谐,而环境艺术设计的出发点则是保证人们的生活质量良好,而且与之相关的各项配套功能可以正常运转,并最终将资源进行最佳的配置及系统进入良性循环的状态。环境艺术设计中的生态观念在确保人与自然协调可持续发展中起着至关重要的作用,所以整个环境艺术设计过程都含有生态的理念。

(一)高效节约性

通常而言,节约性的环境艺术设计是指坚持最少的资源消耗的原则进行设计,或者是通过资源的重复使用达到节约的目的。然而,本节的节约性则注入了新的含义。环境艺术设计中生态理念的节约性不但包括资源的最少浪费,而且还包括高效益的发展方式,高效性关键是防止在社会发展过程中浪费与粗放式的经营方式,使资源在最大程度上得到综合运用,特别是不可再生资源,坚持用最少的资源产生最高的效益。高效节约性并非简简单单的设计,而是要求在节省资源与简约设计的同时保证各项功能可以发挥出最佳的水平状态。

(二)生态自然性

环境艺术设计中生态理念的第一特性就是生态自然性,这是其最基本的构成要素,如果设计追寻的是精雕细刻的人为美而不是自然状态之美,那就远离了生态理念的设计本质,因为其原本就是按照生态发展规律,它产生于自然、表现于自然,研究的是生态的自然规律,这是永不改变的一大特征。生态主要是通过自然体现出来,它本身也完全顺应自然的客观规律,因此设计者通过对自然的了解而进行的环境艺术设计,其本身就融入了生态的理念,并通过设计出的作品使人们感受到大自然的生态之美。因此设计者需要细心地去体会与把握事物的生态自然性,做到返璞归真,重视人与自然的和谐之美。

(三)独特艺术性

环境艺术设计融入生态理念,本身就包含着追寻自然的艺术设计,而大千自然的万物最重要的特征就是独特性,因为世界上没有完全相同的树叶、人、动物等等,所以来源于自然的生态理念设计也就必然彰显出其独特的特性。而其所体现出的艺术性则是本身所具备的特性,因为设计和艺术是无法彻底分开的,设计的过程就是艺术的展现,贯彻生态理念的设计更是遵循了艺术的本意，因为其具备强烈的艺术感染力，充分地体现了其在人类社会中的重要作用。

三、生态理念融入环境艺术设计的基本方法

（一）利用先进的科学技术

科学技术在经济发展过程中发挥着必不可少的作用，科技的迅速发展不仅提高了生产力，还涉及人们生活质量的提升。在环境艺术设计的过程之中也需要与科技进行完美的融合，这一点在科技快速发展的今天尤为重要。将高科技产品以及新型原料应用进整个环境艺术设计之中，能够有效地提高设计质量和水准，能够通过对材料的回收以及再利用促进资源的高效配置，真正的与现代型的环保理念相融合，提高的生活环境和生活质量，这一点也是科技工作者在工作之中所需要完成的主要任务。

（二）开发利用新型能源

环境艺术设计涉及不同的内容和环节，是一个系统性的过程，往往会面临诸多的问题和矛盾。比如在进行化石燃料的应用时，因为涉及能量的供应，因此在使用时难以避免会出现一定的化学污染，另外在进行环境设计时，也会产生一定的噪音和废气污染，这些问题都需要在科技的作用之下进行有效的创新和解决，否则则难以真正地将生态环保落到实处。在科学发展的前提之下，在设计的过程之中可以充分利用一些新型的能源来进行环境的保护，充分利用各项资源来进行有效的设计，真正的节约能源并将环保纳入整个设计理念之中。

（三）使用天然的材料

除了需要注重高新技术的运用之外，还需要运用各类天然的材质，天然的材质不仅能够提高整个设计的质量，还能够与生态理念进行完美的融合。在进行材料的选择时，要尽量选择一些天然无污染的材料，并了解每一种材质的实际使用效果和属性，针对材料的特殊属性来进行有效的加工，充分利用各项材质，既实现有效的设计，又能够将设计与环境保护进行有效的融合，促进天然材料的高效应用。为此首先需要了解材料的内在构造和属性，分析材料的制作以及加工，真正地促进资源的有效利用，将环保生活以及设计进行有效的融合。

（四）与天然环境相适应

环境艺术设计是一个复杂的过程，要想促进环境节约型社会的有效建设，在进行设计

时，必须要以低消耗为设计原则，充分采取各种天然材质，通过对材质的有效利用和规划来进行资源的优化配置和利用，这一点不仅能够减少设计的成本，还能够真正实现天然无公害。在设计之中遇到各类复杂的环境问题时，也可以在天然的环境基础之上进行美感的艺术创造。保障现有的设计既能体现出一定的个性魅力，还能够真正的利用各种天然环境营造出一种独特的设计氛围。

（五）重视设计的环保性

早在工业革命完成之后，各个国家的环境污染日趋严重，因此环保化的设计理念开始被提出，这种理念以保护环境节约资源为主要目标，真正地实现设计的绿色化和环保化，将环境保护与艺术设计进行有效的融合，通过资源的有效选择来进行设计，真正地实现节约能源绿色生活。另外在进行环境艺术设计时，除了需要尽量减少对资源的消耗之外，还需要真正的提高人类的生活质量，促进人类社会的可持续发展。

四、生态文明观下的现代环境艺术设计

随着社会经济的发展以及生态文明的进步，在现代环境艺术设计中也逐渐融入了生态文明的观念和意识，并将这种逐渐发展进步与提升的人类生态文明观念与意识应用于现代环境艺术设计中，进行现代环境艺术设计的指导实现，以促进人类社会的生态文明发展以及与环境艺术之间的相和谐关系。在现代社会的艺术设计与发展中，随着社会经济以及人类文明的发展推动，环境艺术设计已经逐渐成为当今社会现代艺术发展与设计中的一门独立艺术类型。在艺术设计与发展领域中，环境艺术设计不仅包含室内环境艺术设计部分，还包括室外环境艺术设计等一切与人类活动空间有关的环境设计。通常情况下，环境艺术设计由于是一种对于人类活动空间的艺术设计，因此，在实际设计中与人类活动与观念意识等，都有着非常密切的联系，它以人类活动意识为服务对象，并且随着人类活动以及观念意识的变化，在设计理念以及要求等方面，都会发生一定的变化。并且从另一方面来讲，环境艺术设计的发展对于人类生产活动也具有一定的影响作用，这种影响作用同时也会反作用与人类观念意识等思想活动。结合当前社会经济发展与生态环境之间的具体关系情况，生态、环保以及可持续发展的理念，不仅成为当前社会经济与人类生产发展的主导观念，也是环境艺术设计中的主流观点，在环境艺术设计领域中得到较为广泛的推广和应用，并且对于环境艺术设计的发展也具有极大的深远作用与影响。

（一）生态文明及其观念意识的含义分析

生态文明是人类社会活动与发展中的一种观念和思想意识，来源于人类的社会活动与

生产发展实际，同时对于人类生产以及生活又具有极大的指导作用和意义。在我国生态文明的观念与意识，最早源于可持续发展观念意识领域中。可持续发展是我国针对当前社会经济发展以及资源环境现状，研究提出的一种先进性与科学性的发展指导观点。

通常情况下，对于生态文明观的理解，主要从以下五个方面进行。首先，在社会经济发展与人类生产、生活中，生态文明观要求人类的生产以及生活要尽可能的进行资源、能源的节约。而进行资源以及能源的节约实现，则可以从提高能源的使用效率以及加强资源的循环利用等方面，并且尽可能的应用可再生能源进行生产发展，践行生态文明观念。其次，在进行生态文明观念践行实施的过程中，要求人类的生产与生活活动应尽量少进行污染的排放，进行主要污染物排放量以及排放地的严格控制，避免污染排放对于环境中的大气以及水体、土壤、气候等破坏影响作用产生。再次，生态文明观要求企业在经济发展的同时，要尽可能的应用一些生物技术等手段方法，对于企业以及社会生产中已经造成污染和破坏的环境与生态等问题，进行改善与修复，以实现对于整体生态环境文明的改善和修复上来，实现社会经济的生态文明发展。最后，生态文明观还要求在社会与经济发展进步的同时，国家的行政规定与社会监督之间应相互协调，共同实现对于生态环境以及资源的保护，使其不受污染和破坏影响，并且要注意避免和杜绝生态环境污染以及破坏问题发生。此外，生态文明观还是一种要求在全社会范围内能够进行大力的推广与宣传的社会经济生产与发展的观念意识，以全面树立生态文明观，进行社会经济生产与发展的可持续推动实现。

（二）生态文明观下的环境艺术设计分析

生态文明观与艺术设计之间是一种观念意识对于生产活动的指导作用关系，并且观念意识通常来源于生产活动实践中，而且生产活动实践对于观念意识也具有一定的反作用影响关系。而环境艺术的设计又主要包括室内环境艺术设计和室外环境艺术设计两个部分。在以构建生态环保以及可持续发展的现代社会中，进行现代化环境艺术的设计实现，也需要在生态环保以及可持续发展的生态文明观念与思想意识指导下，进行环境艺术的设计实现，这也是现代环境艺术设计区别于传统艺术设计的重要地方。

1. 生态文明观下的室内环境艺术设计分析

环境艺术设计包括室内与室外环境艺术设计两个部分，室内环境艺术设计是环境艺术设计中的重要组成部分。在生态文明观指导作用下，进行现代环境艺术设计中室内环境艺术设计的实现，可以从以下三个方面进行实现。

首先，在生态文明观念的指导下，进行现代环境艺术设计中室内环境艺术部分的设计实现时，可以利用生态建筑设计模式，进行良好的具有生态文明观体现的室内空间环境系统的设计实现，这就是生态文明观下室内环境艺术设计的最好体现点之一。生态建筑模式是随着科学技术的发展以及思想观念意识的改变，为了满足生态文明观念要求，进行更加舒适以及生态、环保、健康的建筑居住空间环境的构造，所提出的一种建筑设计模式，也就是生态建筑模式。生态建筑模式在设计应用以及实现过程中，主要是结合建筑设计所在地区的自然生态以及环境特点，并在建筑设计过程中，运用生态学以及建筑学的相关理论，通过先进设计技术与手段方法，将这种生态环境特点应用到设计中去，以实现建筑与环境的有机结合，在保障建筑内部良好的室内气候条件与调节功能条件下，满足人类对于建筑的功能要求，实现人与自然、建筑三者之间的良性循环系统的设计实现。

  其次，以生态文明观指导下的室内环境艺术设计，还可以通过在进行室内环境艺术设计中，以简洁的造型以及节省材料的设计方式，实现对于室内舒适、健康的空间环境的设计实现，这也是室内环境艺术设计中，对于生态文明观的要求体现。比如，建筑室内设计风格中的简约主义风格，就是一种很好的对于生态文明观体现的室内环境艺术设计风格。再次，生态文明观下的室内环境艺术设计，还可以通过在进行室内空间环境设计中，利用自然以及环境气候条件，或者是绿色植物等，进行健康生态的室内空间环境的设计利用与体现；或者是在室内环境空间设计中，使用生态环保型的材料、注意设计过程中对于资源的节约和二次利用、避免设计中存在施工污染等，这些室内空间环境的设计，都是生态文明观下的设计体现，对于生态、环保与可持续发展有着积极的作用和意义。

第二章

环境艺术设计的基本要素

第一节 环境艺术设计的空间形态构成

环境艺术设计的空间形态是通过"点""线""面"的运动形成界面围合而产生的形状,以加强人们对空间的视觉认知性。我们将实体的形进行分解可以得到以下基本构成要素,即"点""线""面""体",这些要素在环境艺术设计空间形态中主要体现为客观的限定要素,即地面、墙面、顶棚或者室外环境中的硬质及软质构成设置的限定要素。我们对这些限定要素赋予一定的形式、比例、尺度和样式,以形成具有特定意义的空间形态,并造就具有特定意义的空间氛围。

一、环境艺术设计空间的概念

空间是建筑的主角,是环境艺术设计的核心。无论是环境设计、建筑设计还是室内设计,其主体与本质都是对于空间的丰富想象与创造性设计。空间是与实体相对的概念,空间和实体构成虚与实的相对关系。我们今天生活的环境空间就是由这种虚实关系建立起来的空间。由建筑构成的空间环境,被称为人为空间,而由山水等构成的空间环境是自然空间。我们研究的主要是人们为生存、生活而创造的人为空间。建筑是其中的主要实体部分,辅助以树木、花草、小品、设施等,由此构成了城市、街道、广场、庭院等空间。

二、环境艺术设计空间的构成的基本元素及构成

建筑空间作为一种客体存在,从几个方面与人发生交流。一方面,它以物质存在的形

状、大小、方位、色彩、光、肌理以及相互间的组织关系与人产生相互作用。它作为一种信息的载体，对人的行为和心理产生影响。另一方面，除了空间形态的客观要素外，它还蕴含着表情、态势和意义，反映着设计者个人、群体、地区和时代的精神文化面貌。另外，建筑空间的形式还受使用功能和技术的制约。形态是空间设计的基础，也是空间设计的关键，它对空间环境的气氛营造、空间的整体印象起着至关重要的作用。

立体形态构成属于三维范畴，就三维空间形态而言，分为实体形态和虚体形态两大方面。

实体与虚体的形态是一个有机的整体，两者相互依存。人们可以感受到实体形态的厚实凝重，也会感受到虚体空间形态的流转往复、回环无穷。对于实体形态，如墙、地面、家具、绿地等，人们的感受产生于其外部。对于虚体形态，由于其是无法触及的存在，人们的感知产生于虚体与实体间的间隙。这里的间隙指的是不包括实体在内的负的空间，它依靠积极形态的相互作用而形成，由实体的暗示而被感知，是一种心理上的存在，需要人通过思考、联想而推知，这种感觉时而清晰、时而模糊。

环境艺术的空间形态要素不仅有实体的"点""线""面""体"，还涵盖了虚的"点""线""面""体"，而虚的"体"特指一些空间概念。所谓"虚"是指一种心理上的存在和感知，是不可见的，但是可以通过实体的暗示或相互关系而被感知。

空间形态是通过"点""线""面"的运动形成界面围合而产生的形状，以加强人们对空间的视觉认知性。我们将实体的形进行分解可以得到以下几个基本构成要素，即"点""线""面""体"。这些要素在环境艺术设计空间形态中主要体现为客观的限定要素。即地面、墙面、顶棚或者室外环境中的硬质及软质构成设置的限定要素，我们赋予这些限定要素一定的形式、比例、尺度和样式，使其形成具有特定意义的空间形态，并造就具有特定意义的空间氛围。

（一）点

在环境艺术设计，纯粹的"点"是没有形状的。在几何学中，"点"只有位置，而没有长度、宽度和厚度，而在环境设计中，"点"是客观的物质存在，是有体积、颜色和肌理的。"点"的概念是相对的，它的特质与所处的空间环境以及心理引导密不可分。"点"是形态的基础，是形态中最小的单位。"点"的排列可以产生线，"点"的堆积又可以产生体。"点"具有吸引视觉注意力的作用，对比强烈的、移动的、光亮的"点"容易成为视觉的焦点。在环境艺术设计空间中，"点"作为视觉意义形象随处可见，较小的"面"或"体"都可被视为"点"，它在空间中表明位置或使人的视觉集中，它可被看成静态的、无方向性的，如室内的家具、装饰陈设、灯具、植物盆栽等。室外的灯柱、广场的"点"

状花坛等都可以被看作"点",尽管这些"点"很小,但却能成为视觉和心理的中心,引起人们的注意。有时"点"太小,则可以采用多个"点"进行组合,强化视觉和形式感,"点"可以按照一定规律排列,形成"线"或者"面"。

(二)线

三维形态中的"线"不但有长短、粗细、体积,还有软硬、光滑、粗糙的特征。"线"的最基本形式是直线、曲线和折线。一般来说,直线表示静:水平线给人以平稳、辽阔的感觉;垂直线给人以挺拔、上升的感觉;斜线具有不稳定感;曲线表现出活力、动感、优雅、柔和的气质,具有很强的装饰性;折线具有不安定感。直线与曲线构成"线"的两大类型,也是形的基本要素。"线"是空间形态的基本要素之一,它是由"点"运动或者延伸而形成的,同时也是"面"的边缘和界限,它能够表现出方向、运动和生长。长线保持一种延续性,如城市道路、延绵的河流;短线则可以限定空间,具有一定的不确定性。垂直线可以作为一个特定的"点",标示出空间中的位置,如作为垂直线要素的柱子或庭院灯。直线与曲线相比,其表情是较为明确和单纯的。在空间的构成方面,直线的造型规整简洁,富有现代气息,但有时又过于简单,使人感觉缺乏人情味。不同曲线由于在曲度和长度上有所不同而呈现出截然不同的动态,总是显得比直线更富有变化、更丰富、更复杂。特别在直线条的空间环境中,如果用曲线打破这种单板的感觉,会使空间环境更具有亲切感和人性魅力。

(三)面

立体形态中的"面"分为平面和曲面。不同形状的"面"给人以不同的心理感受。平面简洁、单纯、硬朗、具有一定的张力;曲面饱满、柔和、自然、活泼。曲面又可分为几何曲面和自由曲面,几何曲面具有理性的性格特征,而自由曲面则热烈奔放,洋溢着生命力。在三维造型中,恰当地利用平面和曲面的对比可以加强空间的表现力。最常见的"面"莫过于地面、墙面、顶面等空间界面。顶面可以是屋顶面,也可以是吊顶面。墙面则是视觉上限定空间和围合空间中最为积极的因素,它可虚可实,或虚实相间。曲面作为限定或分隔空间的因素比直面限定性更强,更富有弹性和活力,为空间带来流动感和明显的方向感。在一些室内环境设计中,曲面造型也能吸引人的眼球。

(四)体

几何学中"体"是面的移动轨迹。在立体形态中,"体"具有重量、力度等性质,是三维造型中最能表达体量感的要素,它能有效地表现空间立体,并产生强烈的空间感。"体"由"面"围合而成,可以分为规则体和不规则体。规则体有方体、锥体、柱体、球体、多面体等，这些"体"体现了精确的数理结构和严密的逻辑性，带给人简练、直率、稳重、端庄、永恒的心理感受。

不规则形体在自然界中随处可见，包括自由曲面的回旋体、流线形体以及各种偶然形态，给人以亲切、自然、温馨的感觉。"体"可以是规则的几何形体，也可以是不规则的自由形体，在空间环境中由空间环境的尺度大小而定。室内的"体"主要体现为结构构件、家具等；室外空间中的"体"体现为地势的变化，如水体、树木及建筑小品等。"体"通常与"量""块"等概念相联系，"体"的重量感与其造型、各部分的比例、尺度、材质甚至色彩均存在一定关系。在环境艺术设计中，"体"往往与"线"和"面"结合在一起形成造型。

环境艺术设计的空间形态是以其视觉形态的特征展现出来的，通过空间限定要素组成的界面围合而形成。不同形状、尺度的界面所构成的空间，由于其形态发生了变化，会使人产生不同的心理感受和视觉感受。无论是室内空间环境设计还是室外空间环境设计，对于空间形态的把握和定位，设计师都要依据人的活动尺度、空间的使用类型、材料结构的合理选用等功能因素，以及人的审美习惯、行为心理等精神因素进行综合权衡。可以说，环境艺术的空间设计就是环境艺术的空间形态设计，也是环境艺术的空间视觉形态设计。

三、环境艺术设计空间构成因素的探讨与研究

（一）人的因素是空间环境设计时需要考虑的重要条件

人是社会的主体，人的因素也是社会构成中最为复杂的元素。作为物种的人反映着种种生理和心理因素，如机能、运动、新陈代谢、认知等；作为哲学的人反映着种种思想因素，如思维观、审美观、辩证观、宗教观、民俗观、文化观、价值观、伦理观等。

现代社会中人们在尽享高新技术无限乐趣的同时，对原始的生活情调更具有浓烈的兴趣；在信息时代高度紧张的工作压力下，更希望适时地躲避在与世隔绝的自我空间中体味人间真情；社会物质无论多么丰富，多么先进，人的能动性都会在其活动中产生出种种游离于社会物质构成的因素，从中真实地反映出人的因素的复杂特性。由此也反映出人的需求始终应变于时代，对空间环境提出种种苛求。通过个人背景作用下的能动的真实思路，可以反映出现实空间环境的众多不足和缺陷。我们从中不难发现针对空间环境再发展的主导思路。

只有从一点一滴的人类因素上采集社会发展的真实反映，才能激起超前思考意识。及时地、紧紧地、不断地抓住空间环境设计的走向，就是从最常见的人的因素上着眼，把反馈、采集到的各种信息回馈到空间环境设计中思辨，能透过人的因素操控住建筑空间发展

的核心内容。

（二）功能是空间环境设计的初始要素也是空间环境设计的最终目标

空间环境功能是支撑空间环境构成的基本要素，空间环境的具体物质功能或物质功能的高低，直接决定着物质构成的基本价值。在空间环境系统构成中，空间的功能定位设置决定着物质功能形态的价值。

空间功能要素的定位是空间环境设计的纲领性构成，它决定着建筑产品位于市场竞争中的卖点和具体社会消费需求的满足程度。功能要素在空间构成中一旦确立，将形成空间环境设计中表现的核心内容，要通过空间构成元素的转化，建立起核心功能的表现点。

一般情况下，空间环境核心功能难以通过直观的方式即刻展示出来，只有通过与人接触的多方面载体感观地表现，才能从空间构成的各个侧面反映出来。一个不知道可以用什么方式打开的盒子内无论藏有多么先进的核心功能，人们都很难从中受益，对它也不会有什么好感。用适当的设计语言突出表现内在功能特性，是给冰冷的物质属性加上人性化的"体温"，使之对人更亲切、更温和。

（三）形态是空间环境的可视化语言

"形态"包含了两层含义，"形"通常是指客观物象的外在形式或形状，任何物体都是由一些基本形构成，如圆形，方形或三角形等；"态"则是指蕴含在客观物象"形"之中的"精神势态"。综合上诉两层含义，形态就是指客观物象的总体"品行"，即"外形"与"神态"的综合体。

空间形态作为空间环境设计理念诠释、传达的物质载体，是空间环境设计理念走向目标人群的可视化语言，是空间环境给予使用者的第一视觉印象"实体"，是一种可视、可触、可感的视觉语言，它能使建筑空间的效能、组织、结构及理念等内在因素物化为外在的表象因素，并通过视觉、触觉使人产生生理和心理上的信息反馈。空间环境设计理念能否为使用者理解、接受，其被传达的完整性在一定程度上是由建筑空间的可视化语言—建筑形态决定的。

建筑形态是空间环境设计最终的物象表现形式，建筑形态的建构是设计理念由"意念构思"转化为可知、可感、可视物象的过程，设计师应加强对形态的表述和创造能力，了解建筑形态的建构规律、方式与方法，把握形态建构中的基础因素与美学因素，更加充分地认识和理解形态，有目的地构建出新的空间形态。

（四）人与环境关系的规范程度是评价空间环境设计的核心准则

社会的发展、技术的进步、生活节奏的加快…等等一系列的社会与物质的因素，使人们在享受物质生活的同时，更加注重空间环境在"方便""舒适""价值""安全"等方面的评价，也就是在空间设计中常提到的人—机—环境设计问题。空间的造型与人机工程无疑是结合在一起的，那么，对于空间环境是如何来评价它在人机工程学方面是否符合规范呢？人机工程上所设定的标准为：（1）空间环境与人体的尺寸、形状及用力是否配合；（2）空间内摆放的物品是否顺手和好使用；（3）是否防止了使用人意外伤害时产生的危险；（4）各空间单元是否实用：各构配件在安置上能否使其意义毫无疑问地被辨认；（5）空间各部件是否便于清洗、保养及修理。

在空间环境与人的作用关系中，人对空间环境的认知、感受、领悟是通过空间传递出来的各种视觉、触觉、操作信息逐渐达到的，这就是人—机（环境）关系的实现过程。人机关系是空间环境设计中的核心，环境空间为什么构成，状态如何，价值表现如何，都需要人机关系做出具体评价，设计表现也自然回归到这些基本点上，即：尺度表现、人机界面表现、心理表现。

（五）人文因素是空间环境设计中的基本因素

空间设计中的人文因素非常丰富，在空间环境构成的每一元素中都能获得具体体现。好的空间设计具有优秀的系统构成，从中折射出各个层面的人文表现价值。空间环境设计要充分考虑文化背景的差异，从中可挖掘出更多的形象元素深化表现，以多种文化支撑空间设计，奉献给人类更加灿烂的物质文化实体。设计不应把文化当作提高身价的装饰，只满足于从传统中套用文化符号，而是能够站在更高的地方，理解前人的文化创造，看到前人文化行为中的历史必然性，真正从文化现象中体会到当时的创造者对世界、对自己的理解。

具体到每一次设计实践，我们都应在着手前问一下自己：我为谁设计，我们到底需要什么，我们希望新的空间设计带来什么样的生活…。这样，当我们带着这些问题追溯文化的传统时，现时的责任感将使我们努力去领悟前人的创造中所体现的对人类的关怀而不是敷衍地"借鉴"传统；当我们带着这些问题酝酿新的创造时，人性的召唤将使我们在创造实践中努力体现真实的自我，而不是狂热地追求物质的、技术的、形式的表面存在。

从事空间环境设计，要从环境空间构成链上全面出击，把人的因素、功能因素、形态因素、人机因素、人文因素集聚成一体化的设计观和评价观，以此统筹和要求环境空间在时代背景下的再发展。设计师应该理解、掌握环境空间设计的各个构成因素，明确每个因素在换机环境空间设计中的作用，并能够运用、表现于设计实践。

第二节 环境艺术设计中的色彩运用

从20世纪80～90年代，环境艺术设计在多元化设计时期成为较引人注目的亮点，并逐渐形成一种不可逆转的潮流，其中色彩设计发挥了独特的作用。色彩设计的个性化体现出"以人为本"的本质特征，它是从环境艺术的色彩层面出发，体现出对人的尊重、关怀。可以说，创造和谐、舒适的色彩视觉环境，更有利于人的生存与发展。成功的环境艺术设计离不开先声夺人的色彩美感，依附于环境艺术设计的色彩，不仅表达设计家独特的情感体验，具有呼唤情感的力量，而且富有个性化的色彩设计承载着设计家的审美趣味与文化趣味，是形成环境艺术整体美感的重要组成部分。

一、色彩的属性

（一）色彩的基本属性

颜色的三个基本特征色彩三要素，色相、明度和饱和度。色相对应于主波长，明度对应于亮度，饱和度对应于纯度。这是颜色的心理感觉与色光的物理刺激之间存在的对应关系。每一特定的颜色，都给人不同的感受。例如：

红色，热情、活泼、热闹、革命、温暖、幸福、吉祥、危险等。橙色，光明、华丽、兴奋、甜蜜、快乐等。黄色，明朗、愉快、高贵、希望、发展、注意等。

绿色，新鲜、平静、安逸、和平、柔和、青春、安全、理想等。蓝色，深远、永恒、沉静、理智、诚实、寒冷等。紫色，优雅、高贵、魅力、自傲、轻率等。

白色，洁、纯真、朴素、神圣、明快、柔弱、虚无等。灰色，谦虚、平凡、沉默、中庸、寂寞、忧郁、消极等。

黑色，严肃、刚健、坚实、粗莽、沉默、黑暗、罪恶、恐怖、绝望、死亡等。

（二）色彩的心理感觉

观看色彩时，由于受到色彩的视觉刺激，而在思维方面产生对生活经验和环境事物的联想，这就是色彩的心理感觉。

色彩有冷暖感。色彩的冷暖感被称为色性。红、黄、橙等色相给人的视觉刺激强，使人联想到暖烘烘的太阳、火光，感到温暖，所以称为暖色。青色、蓝色使人联想到天空、河流、阴天，感到寒冷，所以称为冷色。

色彩有兴奋感与沉静感。凡明度高、纯度高的色调又属偏红、橙的暖色系，均有兴奋感。凡明度低、纯度低，又属偏蓝、青的冷色系，具有沉静感。

色彩有膨胀感与收缩感。同一面积、同一背景的物体，由于色彩不同，给人造成大小不同的视觉效果。凡色彩明度高的，看起来面积大些，有膨胀的感觉。凡明度低的色彩看起来面积小些，有收缩的感觉。

色彩有前进感与后退感。暖色和明色给人以前进的感觉；冷色和暗色给人以后退的感觉。色彩有轻重感。高明度的色彩给人以轻的感觉：低明度的色彩给人以重的感觉。

二、环境艺术色彩设计的起因

（一）环境艺术色彩设计本身发展的需求

设计是人类在实践活动中为"实现"和"物化"自己的设想，而进行的一种创造性的构思活动。并预先设定某一具体的目标和实现这一目标的途径、步骤和手段以及最后的结果，这个过程谓之设计。

社会发展带来审美观念的不断变化，环境艺术色彩设计的应用与创新也随之不断地发展与变化。现代色彩审美趋向于简洁、明快、醒目、亮丽，这要求环境艺术色彩设计结合新的发展方向不断发展自己，以求与人们不断更新的审美需求相适应。墨子说过："食必常饱，然后求美：衣必常暖，然后求丽：居必常安，然后求乐。"对人们来说，在物质生活基础上得到心理上的关怀、精神上的审美升华，是十分必要的。可见，环境艺术色彩设计的不断发展与变化是自身不断发展与变化的需要。

纵观近现代环境艺术设计发展史，从19世纪50年代彩色印刷推广开始，经历了色彩奔放、艳丽但略显轻薄、矫揉造作风格的维多利亚时期，又经历了20世纪初主张从自然、东方文化中吸取营养的新艺术运动，而由包豪斯发起的现代主义设计思潮，到了二次世界大战后，具有简洁、醒目、反对装饰、强调功能性、理性的风格特点，它席卷全球，并逐渐演变为一统天下的国际主义风格。米斯·凡·德罗提出"少则多"原则，他说的虽是建筑设计，但相同的情形同样发生在环境艺术设计上。这一时期的环境艺术设计构图简单，色彩中性化、高度功能化、非人情化，这种风格适应了二战后物资缺乏、经济需要快速发展及国际化的商业特征，并带来了巨大的社会财富。但当人们长久处在单调划一环境中的时候，便逐渐厌倦这种过于冷峻、理性的风格，于是有些设计师便开始挣脱这种设计思潮的束缚，探索装饰的、变化的、传统的、富于人性的色彩设计表现形式，后现代主义等一系列强调装饰和色彩个性化的设计便应运而生。

三、环境艺术色彩设计的表现特征

（一）色彩的功能性与审美性的统一

环境艺术中色彩的功能性体现在多方面，有以突出环境特定的使用价值为目的的色彩使用功能，如环境艺术设计中有的色彩显现空间的宽阔（如白色与蓝色），有的色彩显现环境的舒适幽雅、安静典丽（红色与玫瑰色）。医院的肃静、商场的繁华都是由不同的色彩设计来引起人们不同的心理反应的。这些色彩大多体现了它的形象功能，呼应了人们心理的需要。这是色彩的功能性特征。但色彩的功能性特征往往是和色彩的审美功能紧紧结合在一起的，色彩的功能性与审美性的统一，才是环境艺术色彩设计的最高境界。环境艺术色彩设计的个性化表现不仅应满足功能性需要，而且更应满足现代人追求舒适、轻松、幽雅等环境美感的需求。

（二）色彩的诉求与情感需求的统一

成功的环境艺术色彩设计，在于积极地利用有针对性的诉求，通过色彩的表现，加强所需传播的信息，并与人们的情感需求进行沟通协调，使人们与环境和谐，产生美的享受之感。色彩诉求与情感需求获得平衡，往往是人们安于环境、享受环境的前提。

（三）传统的色彩文化与当下环境色彩的统一

中国传统色彩文化建立在人文学科的基础上，艺术作品注重传神韵味的内心体验，崇尚平淡自然、朴素幽深的意境。个性化环境艺术设计应表现出本土传统色彩与环境色彩的相辅相成。香港著名设计师靳埭强不仅有一流的现代设计意识和头脑，而且在他的设计中加入了许多中国本土化的内容，如水墨文化、儒家文化，使设计作品具有空灵、淡泊的东方水墨意境。

（四）设计师的思维与普通人心理的统一

"设计是为他人服务的活动。"设计令人们更满意，一方面设计师通过与服务对象进行沟通，反馈服务对象信息；另一方面设计师本身也应从服务对象的心理角度来引导设计思维，从而达到设计物与服务对象的协调。

四、色彩应用于环境艺术设计时的性质分析

当色彩应用于环境艺术设计的时候，是有一些独有的特性的。接下来，简要介绍一下

色彩应用于环境艺术设计的性质方面的相关内容。

（一）物理性

不同的事物的物理特性是不同的，色彩在环境艺术设计总的应用也有属于自己的物理特性。它的特性主要包含四方面。具体内容如下：

1. 温度感

这个词汇想必大家并不陌生，所谓的温度感就是指色彩应用于环境艺术设计时给人的情感感受。大家都知道，色彩是分为冷色和暖色等许多方面的。应用不同的色调是、给人的感受是不同的，这就是色彩的温度感。

2. 重量感

大家或许对这方面不是很了解，举个简单的例子，用白色绘画出的白云自然而然给人以轻盈的感觉。

3. 体量感

体量感只要是指整个设计的比例协调方面的内容。

4. 距离感

在进行环境艺术的设计的时候，许多时候是要使画面之间的不同事物给人的视觉感受是存在一定的距离的，这样的距离会给人们一定的距离感，这就是色彩在环境艺术设计中的距离感特性，这样的特性给人的视觉感受最为强烈。

（二）地域性

色彩在环境艺术设计中应用的第二个性质就是地域性，这里所说的地域性并不难理解。我们都知道，世界上没有两个完全相同的事物，也不会存在真正意义上的两个完全相同的设计，不同的时间、不同的地点、不同的环境、不同的人设计出来的事物都是不同的。色彩在环境艺术设计中的应用也是如此，是存在一定的地域性的。也就是说，色彩早环境艺术设计中的应用是要与周围的地理环境、人文环境相匹配的，这样才不会突兀。此外，色彩在环境艺术设计中的地域性也从侧面使得，色彩在环境艺术设计中的不可重复性相互之间可以借鉴，但是不可能做到相同。

（三）联想性

色彩在环境艺术设计中的应用，最重要的就是要具有联想性。真正意义上的作品以及那么大师们的作品都是含蓄的，不会直接在画中表现出透彻的情感，而是习惯与给观赏者一定的想象空间，让人们自由地去发挥自己的想象去联想这一切。这样的设计不会强加给观赏者某种感情或者意境。而是单单的去营造一定的氛围，使得观赏者在这样的氛围中，结合自身的生活处境和经历去感受、去思考，去获得属于自己的心灵体会。正是联想性的存在，才会给观赏者一定的思考空间、一定的感受空间。色彩在环境艺术设计中的应用也是需要这样的联想性的，这样的联想性会使得环境艺术的设计上升到一定的层次中。

（四）色适应性

色彩在环境艺术设计中的最后也是最主要的性质就是色适应性。那么，什么是色适应性呢？给大家举个简单的例子吧，如果设计者想要运用色彩来表现出葬礼的悲伤和庄严肃穆的话，那么设计者在进行设计时，多半会选择些冷色调的颜色，如用强烈的黑白对比去凸显那种悲伤，或者用刺激的红色去凸显悲壮，但是很少会有设计师会选用暖色，这就是色彩的色适应性。简单来说，色彩在环境艺术设计中的色适应性主要体现在两方面：一方面，是符合情境的色适应性，这就是本节上面刚刚介绍的情况；另一方面，就是与环境的色适应性。这主要是指色彩在应用于环境艺术设计的时候，要选择那些符合周围环境的色彩进行应用，这样才不会使得设计显得突兀或者唐突。

五、色彩形式在环境艺术空间中的运用

（一）色彩的统一与变化

在环境空间设计中同类色的并列能够产生协调，依靠主体形象和主导色彩是获得色调统一与协调的主要手段。我们根据建筑室内的使用功能和使用者的个性心理要求确定色彩风格，或华丽浓艳，或柔和淡雅，或沉稳庄重，或活泼鲜亮，确定好色彩配置的主基调，再选用合适的副色、强调色和装饰色。

仅有统一没有变化就会显得单调、沉闷。确定了环境空间装饰色彩的整体一致后，可以在和谐统一中增加生动的因素，这就是变化。统一与变化共存，互相调节缺一不可。但在居室环境色彩中只能是大统一，小变化。

（二）色彩的调和与对比

调和与对比是统一与变化的具体化。调和是色彩的类似，色调趋于一致的表现。对比是变化的一种方式。色彩的明暗冷暖艳灰形成强烈对比，而调和必然成为对比的制约，是对比适度的标志。调和的感觉分为五类：同一，感觉是同色范围的色彩；近似，稍有差别的近似色，是相邻的，有共同的感觉；中间，相当于暧昧色，中间的色彩的关系；准对比，中间色与对比之间的色彩关系；对比，补色与其附近的色彩之间的关系。

（三）色彩的均齐与平衡

均齐类似对称，是同形同量的组合，体现出秩序与理性，平衡体现了力学的原则。以同量不同形的组合，形成稳定、平衡的状态。色彩在明度上明轻暗重，在纯度上纯色夺目而灰色隐晦，在色相上暖色活跃，冷色沉静，它们的性质各异。在居室空间色彩配置时必须从面积上、位置上、形状上及性质上进行变化调整，才能获得色彩视觉平衡。

（四）色彩的节奏和韵律

节奏是有秩序、有规律的变化和反复，设计艺术作品讲究节奏感，这种节奏感是建立在对静态对象作动态的理解之上。或者说，静态节奏是动态节奏在空间中的移位和联想的结果。这种节奏感主要通过造型、装饰、色彩等视觉符号因素有规则连续使用及视觉上的强弱冲击来体现的。具体而言，在设计作品中，线与线、面与面、型与型有规律地反复出现，会产生节奏感。将同一色彩用于室内装饰关键性的几个主要部位，使其成为控制整个室内的关键色。当重复的色彩占据物品不同位置时，节奏就产生了。

总之，解决色彩之间的相互关系，是色彩构图的中心。对于环境空间装饰设计，内在结构、组织及内容诸多要素之间的联系是美的内在形式，而内在形式的外观形态，是通过一定的色彩与线条、形状按照艺术的秩序法则组合安排来实现的。从各要素问题的关系上，考虑色彩设计计划，需要掌握色彩体系和具有色彩分析力，这些秩序法则是设计师恪守、运用和追求的基本原则。

第三节　环境艺术设计中的材料运用

装饰材料是当代环境艺术设计中必不可少的重要元素之一，它在室内及景观设计中都起着至关重要的作用。随着时代文明的发展和科学技术的进步，装饰材料的品种也日益繁多。我国的室内装饰水平大幅度提高，装饰材料被广泛地运用到室内设计中。各种材料对人类的生活环境发挥着很大的作用。选用不同种类的材料，按照材料的基本性能、规格、特性和变化规律来装饰我们的生活空间，具有满足使用功能和美化家居的效果。在室内设计中，空间的整体感觉是离不开装饰材料的运用的。

一、当代环境艺术设计中装饰材料的运用

不同的材料组合在一起能够表现出不同的风格和感觉，同时也能反映出空间的感情色

彩，为空间赋予生命。装饰材料是室内设计中的一个亮点。它在满足人们使用功能的同时也满足了人们视觉感官的享受。人们在进行室内装饰设计的时候，最终的目的就是要改善和美化环境，然而这一切又离不开装饰材料的运用，可见装饰材料和我们的生活是息息相关的，它在室内设计中起着重要的作用。

二、装饰材料的现状和发展趋势

据考古发现，早在5000多年前，人们就懂得运用烧制的白石灰来装饰屋内的墙面。随着时代的变化和发展，社会经济和人们的生活水平的不断提高，对室内装修的质量和环境美化效果的要求越来越高，而这些都离不开室内装饰材料。室内装饰材料是指用于建筑物内部墙面、顶棚、柱面、地面等的罩面材料。目前的装饰材料不仅能改善室内的空间环境，使人们得到美的享受，同时还兼有绝热、防潮、隔热、防火、吸声、隔声等多种功能，起着保护建筑物主体结构，延长使用寿命和满足空间使用功能的作用，是室内设计中不可缺少的。室内装饰材料是品种门类繁多、更新速度快、发展过程活跃、发展潜力大的材料。它发展速度的快慢、品种的多少、质量的优劣、款式的新旧、配套水平的高低，决定着建筑物装修档次的高低，对美化和改善人们居住环境和工作环境有着十分重要的意义。随着科学技术突飞猛进的发展，国内外市场上的室内装饰材料日新月异推陈出新，新型室内装饰材料层出不穷，就目前来说市场上最新的装饰材料有：彩软膜、彩绒墙衣等。由此可以看出，目前装饰材料的发展趋势是很快的，新型产品的不断推出进一步地满足了人们对装饰美化空间的需求。

三、当今环境艺术设计中装饰材料的发展

（一）人造材料的大量生产和使用

一直以来人们大多使用自然界中的天然材料来装饰建筑，如天然石材、木材、天然漆料、羊毛、动物皮革等。但是，目前天然材料的开采和使用受到了制约。人造材料替代天然材料成为必然的发展趋势。人造大理石、高分子涂料、塑料地板、塑钢门窗、化纤地毯、人造皮革等装饰制品已大量生产，大量地使用于现代建筑工程中，更大程度地满足建筑设计师的设计要求和消费者的需求。

（二）多功能、复合装饰材料制品不断涌现

装饰材料的首要功能是一定的装饰性。但现代装饰场所不仅要求材料的外观应满足装饰设计的效果，而且应满足该场所对材料其他功能的规定，例如：内墙装饰材料兼具隔音、

隔热、透气、防火的功能；地面装饰材料兼具隔声、防静电的效果；吊顶装饰材料兼具吸声作用。

复合装饰材料就是由两种以上在物理和化学上不同的装饰材料复合起来，而得到的一种多相装饰材料。其性能要优于组成它的单体材料，而且把两种单体材料的突出优点统一在复合材料上，使它同时发挥多功能的作用。如天然大理石陶瓷复合板、石材蜂窝复合板、复合型丽晶石、复合型蜂窝铝板等。这些复合装饰材料两种或两种以上的材料复合而成，装饰性好、强度高、质量轻、易安装，优势互补。一些新型的复合墙体材料，除赋予室内外墙面应有的装饰效果之外，常兼具耐风化性、保温隔热性、隔声性、防结露性等。近年来，多功能组合构件预制化的步伐正在加快。将主体结构、设备、装饰材料三者合一的预制构件正在发展。

（三）绿色装饰材料已成为绿色建筑发展强有力的支撑

随着人们生活水平和文化素质的提高，环保意识不断增强，崇尚自然、追求健康、绿色消费已成为一种新的时尚，成为人们共同追求的目标。人们十分重视选用绿色装饰材料、改善室内环境，确保健康。特别是绿色建筑形成体系，成为国家的发展战略以后，从国家层面上加以引导，人们对健康环保的居住环境更为关注，对装饰材料提出了更高的要求，不仅要有精美的装饰性，且对人体无害，对环境无污染，并有利于人体健康。

目前，现代复合木结构材料、现代复合竹材、绿色涂料、绿色壁纸和抗菌制品等装饰材料已得到广泛应用。现代复合木结构建筑如雨后春笋不断涌现。它不仅具有优良的装饰性及使用性能，还能消除有害气体污染，净化室内空气，有利于人体健康。例如北京特普利装饰材料公司开发了绿色纸基壁纸和布基壁纸。它们具有美观、装饰效果好、透气性好、易施工、黏结力强、不开裂等特点。遇火燃烧时，产生的是二氧化碳和水蒸气，对人体无害。抗菌装饰材料制品如抗菌玻璃、抗菌卫生陶瓷、抗菌釉面砖也深受用户欢迎。

综上所述，绿色装饰材料已成为绿色建筑发展强有力的支撑。绿色设计的理念，从不同程度上反映了人们对于现代科技引起的环境及生态破坏的反思，同时也体现了设计师道德和社会责任心的回归。人们越来越关注艺术设计这个新兴学科的未来发展之路。如何让这个"新兴学科"持久、健康地发展下去，成为艺术设计研究的重要命题。

四、材料的解构与重构在环境艺术设计中的运用

材料在环境空间设计中起着十分重要的作用。我们知道，不同的材料会有不同的特性、质感、光泽、肌理，它能产生不同的视觉语言；各种材料的色彩、质感、触感、光泽、耐久性等性能的正确运用，将会在很大程度上影响到整体空间环境。解构风格的营造在材料

的选择上具有很强的自主性，选择的材料既可以是高档豪华的人工材料，也可以是朴实无华的自然材料，还可以是自然材料与合成材料的大合并。

（一）材料的解构与重构的表现特征

解构理念对物质材料的存在状态，可以以归纳出这样一些关键词来描述："偶然性"（反视觉合理性、反因果关系、反功能对位的各种物质材料的随意性使用与组合）、"临时性"（粗糙的廉价材料、不精密的节点处理、匆忙的配置关系、形态上的未完成感）、"不定性"（违反既定的形式规则与几何秩序的非确定形态）、"无向度性"（建筑材料既无统一的物质向度，也不依循笛卡尔坐标系的基本维度，而利用复杂的位置关系与多变的空间指向性扰乱人的定位参照）、"异质性"（在传统意义上不相统属、非和谐甚至相互冲突的多种材料的并置）等等。

（二）材料的解构与重构在环境艺术设计中的运用

在当代，越来越多的设计师希望材料具备复杂的性质和特征，从而完成设计师所要创造的真实世界。通过对材料的解构与重构实现与真实世界互动的最终愿望无疑具有可行性。材料的解构与重构表现在以下几个方面：

1. 运用图案和肌理进行材料的重构

今天的科学技术，尤其是数字技术的发展对于我们理解和感受世界最明显的影响是视觉法则的变化。一方面，我们观察和理解事物的基础受到挑战，另一方面这些不稳定因素模糊了抽象和具象的界限。正是因为图案和肌理在一定程度上消除了抽象和具象的距离，所以图案和肌理在设计中的大量使用，不仅仅源于建筑师对于人的视觉感受的考虑，而是暗示着对于物质世界新的态度。

肌理一般是通过人们的视觉和触觉来感知的，所以，一般肌理分为以视觉为主导感知物质材料表面质感的视觉优先型肌理和以靠触摸而感知物质材料表面质感的触觉优先型肌理。肌理不是独立存在的，它属于造型的细部处理，是形体表面的组织构造，对造型起到重要作用，如可以增强形态的立体感；可以丰富立体形态的表情，消除单调感；还可以作为形态的语义符号，表现不同的情感和传达不同的信息等。

2. 结合传统装饰元素进行重构

现代设计衍生于蓬勃发展的工业化时代，它提倡工业化、标准化、机械化，主张淋漓尽致地发挥新技术、新材料和新工艺。但设计在逐渐走向国际化风格的同时，人们开始意识到民族、地域文化的重要性，使得那些蕴含传统文化内涵的设计又获得新的生命力及延续发展的可能。

3. 解构—转换

即通过某种特定的手法，使某种材料的视觉感知转换为另外一种感知，如常州大酒店大堂吧背景玻璃的做法，采用皮影戏的手法，将枯枝的影像投射到玻璃上，实际上减弱了玻璃的材质特征，转而达到一种绘画的效果，形成另外一种感知。在我们的传统文化艺术中，有很多经典的艺术表现形式，如剪影、篆刻等。在环境艺术设计中，可通过对这些表现形式和其暗含的地域精神进行解构，然后结合现代材料的表现来完成形式语言的转化。这就要求我们既要对传统艺术表现出的形式感进行提炼，又要对传统艺术样式所蕴含的精神加以挖掘。

（三）解构与重构对材料的要求

材料解构与重构过程中只有对材料进行全方位的了解，在运用时才能得心应手。

（1）充分了解材料的特性掌握其物理化学性质与视觉性质。物理化学性质包括：吸水性、透光性、反光性、抗裂性等等。视觉性质包括：视觉上的气质印象，或温和或冷峻，或亲切或时尚等等。

（2）了解材料与其他介质发生关系时所产生的变化以及产生的新的视觉效果，如阳光、灯光和水分等。例如：一块石子不带有透光性，但把它堆砌到一起，中间的缝隙就与阳光这个介质发生了关系，带来光斑粼粼的视觉效果。

（3）用新的方式重新来定义与组织材料，这与新的施工方式密不可分。一种相同材料可有十几种甚至更多种不同的构成方式来组织它。用新的构成方式来组织材料就能得到新的面孔。随着新型材料的不断出现，在现代环境艺术设计中无论是室内空间设计，还是公共空间设计都注重传统材料与新型材料的合理搭配，从而打破局限性、拘谨感。

运用解构手法的建筑作品中，物质不仅脱离了空间的制约，也脱离了表皮的束缚，物质成为独立的元素。最引人注目的是各种物质材料的集中会演：昔日那些低劣的材料—金属丝网、波形板、裸露肌理的木材、沥青地面、抹灰墙面、剥落的油漆等都可以在这里出现。这些材料都是在受过正统现代主义教育的建筑师笔下不可能出现的。

国际一体化日程的加剧，促进了中西对环境空间认知的融合，不同地域背景下的设计师，都以开放的姿态重新构筑自身的环境空间设计语言。进一步拓展了环境空间的概念。在空间的解构与重构的具体方法中都积极从实体空间、虚空间两方面展开探索，且从两者的冲突、融合中寻求空间方式的新的表现语言。

第四节 环境艺术设计中的视觉元素运用

随着我国社会的不断进步和经济的不断发展，我国人民对日常的生活环境的要求越来越高，目前，很多的建筑室内与室外的设计兼具艺术感和实用性，其中，众多视觉元素的运用，给设计增添了很多的色彩。合理的利用视觉元素在环境艺术的设计中是十分重要的，它是整个环境设计的关键。

我国的环境艺术设计目前成为重要的产业之一，随着人们的生活质量越来越高，他们对于自己的生活环境的重视程度也越来越高，他们不仅仅追求身体的舒适，更加要求视觉的享受，所以，在环境艺术的设计中，如何运用好视觉元素关系到设计的档次和水平。对于丰富整个设计的内涵，表达强有力的艺术感具有很重要的作用。笔者根据自身多年的研究经验，对环境艺术设计中的视觉元素进行剖析，希望对设计艺术的发展有所帮助。

一、视觉元素对环境艺术设计的重要作用

对于人们的生活来说，包括物质和精神两个层面，新中国建立以来，在中国共产党的带领下，我国人民解决了温饱问题，走进了全面建成小康社会的新时代，而随着生活质量的不断提高，我国人民对精神层面的追求越来越迫切，最主要的体现就是在居住环境的方面，不单单要求居住的舒适，更加提倡环境的艺术设计的精美，而要达到良好的体验，视觉元素的运用是必不可少的，视觉元素给人带来的美感能够让我们的精神愉悦，通过视觉信息我们能够深入艺术作品的内在，体会它的内涵。在人类的众多感觉器官中，视觉是最形象的，少量的视觉元素可以表达的信息量可不少，能够跟人们传递出很多东西，除了这些，设计师们通过环境艺术的设计来表达他们的情怀，传递出整个艺术设计的独特韵味，同时，还能够体现一个国家和民族的艺术素养，这些都是通过视觉元素的演绎而表现出来的。视觉元素通过色彩、形状和立体感以及光影变化，将整个环境融为了一个有机的整体，给环境的整体视觉效果带来了质的飞跃。环境艺术设计通过对视觉等元素的处理，将环境中各个部分的管理处理的非常协调，带给每个人心灵的冲击和视觉的享受，真正的艺术品的作用正是这样。

二、视觉元素的运用

视觉元素的运用主要包括对自然视觉元素和人文视觉元素的运用。这些视觉元素包括了色彩、光影、点、线以及面等等，构成了视觉元素的大范围。

（一）自然视觉元素的运用

自然的美丽雄壮是最能够打动人心的，包含了丰富多彩的视觉元素，是视觉元素产生的源泉。目前，我国的环境艺术设计中，主要的视觉元素的提取和运用就来源于大自然。我国民众最为欢迎的就是自然视觉元素的引入，因为随着钢筋混凝土的现代工业不断发展，人民对大自然的美的渴望以及和自然和谐相处的意愿越来越浓，这就对自然视觉元素的需求越来越大，所以，目前的环境艺术设计中，自然视觉元素的运用十分广泛，它在整个环境中起到了润物细无声的作用，将自然的美感和创造力发挥到了极致，体现出了环境艺术设计的张力和力量。例如，在屋顶的艺术设计中，引入自然视觉元素，让屋顶的整个环境变成了一个自然的空中花园，给人开来了极大的视觉享受和精神上的愉悦。

（二）人文视觉元素的运用

相较于自然视觉元素，人文视觉元素在我国环境艺术设计中的应用也同样的广泛，我国是古代的四大文明古国，浩浩汤汤的五千年文明历史给我国带来了深厚的人文积淀。所以，在环境艺术的设计当中，我们对人文视觉元素的应用是十分广泛的。人文视觉元素主要包括文艺、历史等范畴中的一些文化现象，在环境艺术设计中，应用人文的视觉元素对于提升整个建筑环境的人文情怀和文化内涵是有很大的帮助的，同时，对我们的日常生活中的情操的陶冶也有非常重要的作用。

三、视觉元素的运用方式

（一）描模仿生

这种运用方式常见于自然视觉元素的应用，这种方法是最直接的借鉴事物的形态和美感的方法，对于大自然的视觉元素的真实还原给人以更加真实的美感，这种视觉元素的运用方式最常见的就是波普建筑的风格，同时，在空间布局的细节上也有用到。

（二）夸张变形

夸张变形的视觉元素运用模式能给人以巨大的视觉冲击力，更好地突出视觉元素的特征，它赋予了整个环境的特色和风格，将视觉元素的美感发挥得淋漓尽致。万变不离其宗，人们不能接受脱离客观事实的环境空间，所以夸张变形必须建立在对视觉形态本质特征准确解析的基础上。除了这两种视觉元素的运用方式，还有归纳化简、打散重组等方式，对于视觉元素的运用都有很好的作用。

四、视觉元素的合理搭配

视觉是人类最重要的五感之一，其最能够直达心灵、最能够让人对所描述的事物有直观的理解，所以，视觉是市场营销广告设计当中最终要的设计之一。与此同时，要想达到良好的视觉艺术效果也必须承受很大的风险。每个人都有一双明亮的双眼，如何安排适合所有群体的视觉艺术设计、如何让观看者体会到视觉设计广告、宣传册等所要传递的信息就需要环境设计方面下足功夫。

（一）色彩在环境设计中的应用

环境设计是视觉设计的最重要影响因素。环境设计通过直观勾勒出色彩、光照、材质等物质特性让视觉设计结果更加拥有真实性、冲击力。作者首先以色彩为例，研究环境设计当中色彩对视觉艺术的影响。

对于室内墙壁、家具、地板，以及室外的风景、街景、道路、车辆色彩、人物穿着等等视觉总体事物的构成都应当拥有较为统一的色彩。这些色彩的搭配一方面要使整个画面看起来的色调更加和谐，另一方面要让这些色彩都具有相互的统一性，从而让整体事物、物体所具有的色彩能够恰当地烘托出需要的氛围。能够形成氛围、烘托气氛的色彩搭配，更能够传达这一场景布置，这一环境设计所要传递的中心思想，能够让观看者更容易把握环境设计者所要传递的信息和其传递信息时候所处的观、点、态度。

另外，对于色彩搭配要统一这一问题也并不是狭义的，其拥有更多广义的因素。最近经常就会在大街上公交站台、地铁站台看到天猫双十二广告，其平面广告设计当中存在的环境设计是需要借鉴的。排除其内容不说，天猫设计的平面广告就是为了路演所设计的，在大街上灯红酒绿，而具有突出色调、夸张突感的色调设计才能够引起人们的注意，其所要传递的就是一种让人敢于摆脱匆忙、释放压力去购物的一个中心思想。

（二）光照在环境设计中的应用

光照对于环境设计所要达到的视觉艺术也有着重要的帮助。通过一个影片、一个客厅等的光照就决定了这个影片所要传递的主题、这个客厅所居住人物的背景和经历。随着科学技术不断地发展，越来越多的媒体将光照带入了影片和摄影现场。

对于客厅的环境设计，也是能够通过光照表现的。这是一种室内的视觉艺术。经常浏览众多家居商场，就会发现他们在给样品所增添的光照都是不一样的。其在客厅、卧室、

卫生间，给予样品光照的程度不同。不同品牌对于其商品所给予的光照也是不同的。例如，KEA，也就是宜家家居，

其对于商场内家居样本的光照就是非常的充足。这家公司期望能用更加蓬勃和生机的家居吸引年轻化消费者。还例如，红杉树家具城，他就是通过暖色调和弱效的光照，希望能够渲染一种和谐、融洽、安居的视觉效果，从而吸引中老年人的注意。可见，光照作为一种环境设计元素能够对视觉效果实现起到促进作用。

（三）材质在环境设计中的应用

材质的选择也是环境设计当中常用的一种手段。不同材质能够反映出历史、时间、经历从而为视觉效果实现增添一份助力。例如，在很多战争影片当中，拍摄者通过会选择破旧的服装、生锈的铁枪、石头砌成的城墙、干涸土地当中的壕沟等来反映战争本质的残酷与无情，反映一个时代背后的故事，衬托出故事中人物的经历。这种材质的选择就能够充分达到视觉艺术效果，从而让影片观看者深切体会这一时代人物的经历、故事的发展。

另外，在现实生活当中的室内设计当中，家具的材质也通常能够反映出居住者的年纪、心理等等。年轻人喜欢三合板、压缩板制成的材料，而中老年人更喜欢纯木材、红杉木等比较结实的材料。这些材质的选择，最终是能够对其室内环境设计起到关键的作用的。就是上文作者对宜家家居和红杉树家具光照的比较一样。这些材质的选择就能够通过观看更加直观地了解到居住者的年龄、心态、喜好了，无须再进行询问。另外，视觉艺术其实也能够应用到更多的方面，例如可以通过材质的观察来了解犯罪现场，通过仔细查看、度量就大致能够判断犯罪者的大致体貌、年龄、日常行为。一张脸能够反映出人生百态，而起对室内环境的设计给予人的视觉效果则是另外一扇了解其心灵的窗户。

由此可以发现，环境设计的关键因素有三个：色彩；光照；材质。这三个方面也是会相互影响的，对于所体现出的视觉效果通过这三个方面的不同也是会不停改变。要做好环境设计的视觉艺术设计工作，就需要在这三个方面给予合理的搭配。

随着我国对环境艺术设计的重视程度越来越高，作为关键的视觉元素的运用，也必将更有用武之地，在环境艺术的设计中，我们要灵活的运用自然视觉元素和人文视觉元素，为我国的环境艺术设计工作树立一个行业的标杆。

第三章

环境设计中的美学特质

环境艺术设计是指综合运用各种工程技术手段和艺术美学手法,对建筑室内外的空间环境进行整合设计的一门实用艺术。环境艺术设计涉及的学科相当广泛,包括室内设计,城市规划,景观设计等。而环境艺术设计也属于设计范畴,设计受到设计师的设计理念所影响,正确的设计理念应当和环境艺术设计的需求吻合。环境艺术设计又被大致区分为室内设计和室外设计。我们在进行环境艺术设计时,首先,需要注意到实用性,既要满足人们的观赏、使用需求,又要注意到整体风格、具体细节等方面的考量。室内设计需要多与业主进行沟通,了解业主的兴趣爱好,所需所想;而室外设计大多是设计师结合原景和游客所需进行精心设计的。其次,在环境艺术设计中也需要注重美感,设计师通过色彩、造型、装饰物等来体现设计作品的美感,设计师通过不同颜色的相互融合、相互反射产生预料当中的视觉效果;整个设计作品的意义在很大程度上通过造型来显现,设计师赋予不同的作品以不同的造型来表达作品更深层次的内涵;不同类型的装饰物能够突出作品的特点,增强作品张力。最后,环境艺术设计还具有调节身心,陶冶性情等多重作用。不论何种形式都可以表现出环境艺术设计的不同美学特征。只有充分理解和掌握环境艺术设计的美学特征,才能使环境艺术设计更好地为人们服务。

第一节 设计美学与环境和谐

一、设计与人的环境互动

(一)生理学环境设计

现代设计主义创始人格罗皮厄斯常被人当作功能主义的代表,但是他的设计理论中并没有忽略或轻视人的需要。他在《全面建筑观》一书中指出，设计既要考虑功能、技术、机械、构造和经济等要素，又要超乎其上，关注使用者对设计提出的舒适宜人、赏心悦目的要求。这样的设计观念、主张和趋向，在现代设计发展过程中，逐渐变得明确和更加自觉，并且从具体操作手段和技术上付诸实践，于是导致了一门新兴的跨学科边缘科学的诞生，它就是现代所谓的"人体工程学"。多数学者认为，这门解决人、人造物、环境三者之间的工效、安全健康、舒适宜人的关系问题的新兴学科，是在第二次世界大战结束之后，在现代设计迅速发展的热潮中真正形成的，而且它一诞生，便在推动现代设计的发展上发挥了很大的作用，成为现代设计不可或缺的基础理论之一。

人体工程学的研究是为了达到这样的目的：通过把有关人的科学资料应用于设计问题，最大限度地提高劳动工作效率和生活质量，有助于人的身心健康、全面发展。

正如一位当代美学家所指出的："专门的人类工程学实验机构已经发展到了在设计一把椅子、一张桌子或一张病床之前就人们的坐、躺或站立的习惯进行试验的程度。"在现代设计世界，类似的试验和方法正在越来越广泛地渗透。例如，要设计一把椅子，设计师就要了解预想的使用者群体坐姿的有关尺寸，像坐高、眼高、肩高、肘高到膝高、臀宽的诸均值或众数。椅子的功用价值在于以坐平面和靠背倾斜面支撑坐者的躯体。这时，人体骨盆、脊椎失去了站立时的自然平衡，腰椎的自然状态也难以保持，肌肉、韧带长时间处于紧张收缩状态，容易导致颈疲劳。同时手的活动幅度和工作空间相比站立时也有局限。这样，我们要设计出使坐者舒适、松弛而又能合理操作的椅子，就要分析不同曲度的坐面和靠背面的人体压力分布情况，不同坐面、靠背面构成角度和不同坐面高度、深度及靠背高度，对人体的不同影响，以便找出适合对象的最佳点。与此同时，我们还要考虑椅子不同造型、色彩、材质、肌理对人心理的影响，这不但指视觉方面的影响，而且还包括触觉甚至联想方面的影响。

在家具等工业设计中，设计师常常需要了解人体各部位的活动范围，如肩、肘、手、股、脚诸关节的可动域和颈、胸、腰椎的可动域，了解运动状态如何引起皮肤变化和人体体温调节规律等，而这些数据对于诸如服装设计、室内外设计、环境设计和展示设计等也是有参照价值的。

人—机的和谐共存是人体工程学关注的核心问题。有的研究者指出："人‐机的协调也应当视为一种美学上的和谐统一的境界。"这种境界的获得，在设计上，可以体现在几个不同的指标上。它们是：人体尺度，依照人体各部尺度确定设计尺度；心理尺度，根据产品对人的心理影响来确定设计尺度；文化尺度，各民族的传统文化与风俗习惯也对设计产生不可忽视的影响。因此，各个历史时期的文化倾向、道德标准、风俗习尚，也都对设计有不同的要求。这些尺度也可以说是标准,测度和衡量设计在满足人的身心方面是否符合要求和符合到何种程度。这些尺度或标准因时代、民族、社会环境等不同而有相对性,同时又有某些跨民族、跨地区、跨时代的一致性。

人体尺度是在一定观念指导下,通过人体测量和数理统计获得的。通过以特定群体为考查对象的大量测量后,运用数理统计分析处理的方法,我们可以得出被测群体有别于其他群体的尺寸平均值,作为设计时的重要参照因素。这些数据或者是包含不同民族的人体尺寸差异的,或者是容纳不同地域的人体尺寸差异的,侧重的是一定范围内的共同尺寸。而进行具体设计时,常常要知道更加详细的尺寸标准,例如不同民族、年龄、体型、职业的群体的身体尺寸。静态的身高、坐高、脚高等平均值和动态的手足活动范围、头部转动幅度、目视距离和视域、动作频率等平均值都是测量的内容。以此制定的基本参数,为设计提供了重要依据。与平均值(mean)相关的概念是中值(median)和众数(mode),前者是将全部受测人的身体尺寸按高低或大小划分成相等的两半的那个数值,后者则是指人数最多的那个数值。当被测群体的身体尺寸是按标准常态或正态分布时,平均值与中值、众数大体是一致的。设计时依据这些数据,可以从一个方面保证设计产品符合大众的要求从另一个方面保证产品的标准化。

(二)心理学环境设计

格罗皮厄斯曾这样写道:"建筑作为艺术起源于人类存在的心理方面超乎构造和经济之外,它发源于人类存在的心理方面。对于充分文明的生活来说,人类心灵上美的满足比起解决物质上的舒适要求是同等的甚至是更加重要的。"人—机关系在很大程度上也取决于心理因素。设计中研究色彩、形状、空间、光线、声音、气味、材质等人造物和环境因素如何对人的心理造成影响,探讨这些客观因素如何与使用者、接受者的个性气质、情感、趣味、意志、行为等主观因素相互作用。设计产品是否宜人、显示装置和操纵装置是否方便有效、人—机关系是否协调,都要从心理反应上来考虑。会场设计要庄重,娱乐场设计要轻松热烈,学习用品的设计要整洁大方而不宜花哨艳丽,职业服装设计要整体统一而不宜繁杂随便,诸如此类都要考虑到心理规律,这样才可能使受众产生认同感。视觉心理学、情绪心理学、行为心理学、想象心理学、个性心理学、发展心理学、审美心理学、管理心理学等知识和研究成果,都有助于我们了解和把握设计的产品对人们的心理影响,从而给设计师提供依据。例如,视觉心理学家告诉我们:视线移动方向一般是从左到右、自上而下,视线的水平移动比垂直移动快,水平方向尺寸判断的准确率高于垂直方向尺寸判断等。这些心理规律对于许多现代设计师来说是有意义的,从工业造型设计、室内设计、广告设计到展示设计,设计师常常要依据视觉规律来调整自己的设计方案。根据研究重点放在生理学方面和心理学方面的不同，人体工程学有设备人体工程学和精神人体工程学不同的分支。设备人体工程学（Equipment Ergonomics）又叫"传统人体工程学"（Classical Ergonomics），侧重于探讨设备的使用者和操纵者的生理标准和人体尺度。精神人体工程学（Mental Ergonomics）也叫"功能人体工程学"（Functional Ergonomics），特别关注使用者或受众的从感觉、知觉到想象、思维、智能、创造力等主观因素。

将生理学的角度与心理学的角度结合起来考虑人—机系统，仍然不能说是全面的，因为在它们的背后还有文化因素，设计还需要从文化的角度来考虑问题。人、人造物、环境的联系，离不开文化的作用，生理学的规律和心理学的规律也常常是凭借文化因素起作用的。例如，"量体裁衣"是服装设计的一条法则，可是量的方法和何者为适度标准则是因文化背景和习俗时尚而改变的。建筑物的高度和空间大小是要依据人体身高和活动范围大小而定的，而活动范围则显然是由文化因素参与决定，建筑设计尺度也必须与建筑功能、主题、自然、人文环境相结合，绝非生理、心理一般规律所能决定的。因为人的视线移动方向一般是从左至右，这在很大程度上受书写阅读习惯的影响，而阿拉伯文的书写是自右向左横行，这样，在阿拉伯文表意系统的流行区域内，视线移动的情况需要因文化因素而做出调整，相应地，视觉传达、展示、广告设计师也应当在设计产品时做调整。

实际上，要真正达到人—机协调，实现对"人—机—环境"系统中种种问题的完善处理和解决，就必须提出一个更高的尺度——艺术尺度，即审美规律和艺术法则对设计有着更高、更深层次的影响，设计时要根据这种影响来调整设计要求和标准。在马斯洛的需求层次理论中，人只有在适当满足了较低层次的需要后才会充分表现出较高一级层次的需要。美的创造和观赏，艺术潜能的发挥，属于最高一层需要，即自我实现的需要，它要在前四个层次需要相继满足之后才能达到。自我实现需要这种超越性需要的满足是健康人格的核心。按照这种理论，我们可以发现：使用者和操纵者要与人造物和谐共存，感到身心愉悦，就要实现自己的审美和艺术需要。对设计师来说，就要考虑审美规律和艺术规律，这要以人体尺度、心理尺度、文化尺度为前提，而又要超越它们。例如，结构是现代设计的要素之一，产品结构是一个系统。设计产品的结构，要依据相应的人体各部分尺度，要依据使用者的心理因素和相应的文化因素，还要依据相应的审美和艺术尺度。同时需要指出的是，从审美和艺术角度来考虑设计，看起来就是从产品的结构、造型、色彩、肌理等外观上来考虑，其实还必须将这些形式因素联系产品的内在因素（功能、材料、技术、信息等）综合加以考虑。

由前文我们可以看出，以人—机系统的宜人高效为目的的人体工程学不能不全面考虑人的因素。这样一来，它自然要在各种程度上与其他许多学科发生联系，例如，人体测量学、人体解剖学、生理学、生物力学、卫生学、医学、劳动保护学、环境生理学、生态学、心理学、系统工程学、管理学、信息科学、材料学、材料力学、社会学、经济学、美学等。目前的情况是，人体工程学侧重于人的生理、心理角度的考虑，随着实践的需要和科学的发展，人体工程学一些新的分支或者新的交叉边缘学科，例如，文化人体工程学、审美人体工程学，也可能会产生。

人—机系统研究的科学性是毋庸置疑的，人体工程学正在现代设计领域里受到广泛的重视。然而，人体工程学并不是万能的，它的覆盖面毕竟有限，它本质上是一种手段或方法。有的学者认识到，人体工程学可以作为科学、客观地考虑设计的手段之一加以应用。人体工程学作为明确设计的、客观的、侧面的手段是有意义的，但是，人体工程学本身是与设计不同的。因为设计行为是随着与美的直观这种不能数量化的部分相结合之后才完成的。审美因素在设计中如同在纯艺术中一样是不能量化的。人体工程学虽说涉及美学，但并不等同于美学，也不能代替美学。成功的设计、美的设计，除了要考虑人—机系统可以量化的诸因素外，还要考虑包括审美和艺术因素在内的许多不能量化的因素，如生态的、文化的、传统的以及一些心理因素。

二、设计与自然环境

（一）设计优化自然环境

生态学本来是研究生物的生存方式与其生存条件和生存环境间的交互关系以及生物彼此间交互关系的一门学科。"生态学"一词"Ecology"源于希腊文，由"oikos"（意为"住所""住宅""环境"）和"logos"（意为"话""言语"）组成，合起来意思是"住所的研究"，所以这门学科原本就是侧重于环境的作用的。实际上，生态学起源于人口的研究，人也是生物之一，于是人类生态学顺理成章地诞生。当代美国人类学家斯图尔德最早创立了"文化生态学"，将人类所进行的文化创造活动及其产物与围绕他们的生物的、非生物的环境条件的相互关系作为研究对象。文化生态环境是文化生态系统的组成部分，文化生态系统是作为文化主体的人的个体和各种各样群体及环境共同组成的功能整体。现代人文科学中出现了一种生态学的趋向，从目前的情况看，它的确像有的研究者所指出的那样，"在多数情况下这些科学更多地重视环境"。为了促进现代设计理论体系的完善和现代设计的发展，有学者认为有必要创立一门"设计生态学"。设计生态学作为文化母系统中一个子系统的设计，在其相应的存在条件和存在环境中，有着自己发生、成长、适应、进化、盛衰、流传、推广、分化，最后终结的类似生态性的变化。设计生态学应当是一门研究设计主体及其设计行为和设计产品与其所处环境条件的相互关系，以及诸设计的存在和表现方式间交互关系的学科，它尤其侧重作为设计主体的个人或群体所处的环境与设计之间的交互作用。无论是作为设计主体的人，还是作为文化行为的设计，都与环境有一种彼此影响的互动关系。

我们的探讨同样是侧重于环境的作用。一般地说，设计的生态环境可以分为自然环境和社会环境两大类。围绕着设计主体并对其设计行为发生作用的那部分自然物，便是设计生态自然环境。设计生态社会环境情况较为复杂，它是指影响设计主体及设计行为，并使设计主体感受其力量而力求与之相结合的那部分相互联系的人们的总体。社会是人们交互作用的产物，这些交互作用以共同的物质生产活动为基础，而体现为纷繁复杂的多种形态，如经济关系、政治关系、伦理关系、家庭关系、文化关系等。这些关系也可以称为设计生态社会环境诸因素。在不同的情况下，它们对设计产生着不同的作用。设计是总体文化的一个构成元素，设计生态环境是文化生态环境的一部分，它实则是指文化生态自然环境和社会环境中直接影响设计活动的那些部分，它从来不是与文化生态环境脱离开的。这就是说，要了解一个时代某一民族的设计与其环境的关系，有必要了解这个民族的文化模式及其在该时代的体现。

现代设计生态环境构成了一个有机的框架，现代设计的种种展示、表演、动作、嬗变，都在这个框架中实现和完成。设计生态环境框架有着许多变动的结合点，如生态平衡、人类生存空间、人类关系网、医学与保健、战争与和平等，它们都会以不同的方式影响现代设计。现代设计则以不同的方式反映着这个动态的框架，并且以自己的力量参与这个框架的运动变化过程。

设计生态自然环境可以分为非生物自然环境和生物自然环境两个细类。前者包括影响设计的土地、河川、山脉、气候、季节等因素。属于后者的是动物、植物，两类环境是彼此联系结合在一起的。设计生态自然环境对设计的影响首先体现为限制和选择，即限制设计的产生和发展，筛选出那些与环境相结合的设计形制样式使之得以存在。

（二）生态环境引导设计

设计生态环境及其影响在许多情况下具有某种相对性。在设计生态自然环境上常常会打上人的印记，如改造过的河川、人工种植的树木等。自然环境与社会环境常常结合交织在一起对设计起作用，难以绝对区分是哪种因素的作用。如一个民族传统服饰的形成，总是与其所处的地貌、气候、动植物环境有关，也与其生产活动、生活方式以及随之而来的观念体系、民俗风情等相联系，影响是综合性的。当代设计的许多变化都根源于社会环境与自然环境的相互关系。今天，人类所处的环境正在发生着巨大变化，科技革命、信息爆炸、能源危机、生态平衡破坏、人口猛增、生活环境水准改观、宇宙空间开发……都以不同方式和不同程度投射到设计领域。自然环境与社会环境的相互渗透越来越多。

对具体设计活动和设计产品来说，设计与环境的关系也体现出一种相对性，这种关系总是相对于某一个层面来确定的。如一座住宅相对于它外部的城市或田野环境来说，是一件设计——建筑设计作品。如果房屋的建造良好，那么，其家庭内部和周围的外部便将具有一种有机的联系。这就是说，对于家庭生活或者对于室内设计，建筑物又成了环境。整幢建筑物的材质结构、风格样式等，都会对其中的室内设计产生影响，而对于室内的家具，室内空间及其设计，具体指墙体、天花板、地面、室内纺织品（窗帘、地毯、壁毯等）和室内其他装饰品设计构成了一个相对的环境。家具本身占据一定的空间，又充当室内整个空间关系的构成部分，这样，室内空间的尺度、形状、结构、设计基调，便对家具的选择、配置、组合等造成了一定的限制，提出了一定的要求。

自然环境和社会环境都是变化的。当它们两者互相协调时，整个生态环境呈现为一种和谐状态，这时设计内容及其表现形式往往是平和的、安宁的；当它们两者互相不协调，乃至发生冲突时，整个生态环境呈现为一种矛盾对抗状态，这时设计的内容及其表现形式往往是强烈刺激的、躁动的。设计生态自然环境和社会环境协调与不协调关系的更替、转换和演变，会对设计史的进程产生规律性的影响。当然，设计的内容及其表现形式的变化还要受到社会环境各组成因素的相互关系是否协调的影响。

三、设计与社会环境

设计活动的发生和发展，要依赖设计与生态环境之间经过蕴含着传统的文化中介所进行的物质和精神的交换。一方面，设计活动受生态环境的限制、影响，从生态环境中获取自己活动所需要的原料、人力、物资、信息等；另一方面，设计活动将从生态环境中获得的一切创意指导下的艺术加工，形成设计产品，又进入生态环境中，促使生态环境发生新的变化，反过来进一步影响设计。因此，设计活动与生态环境的交换生生不息，而且不断地向设计提出了与环境相结合的问题。

（一）设计为社会服务

设计应当结合环境，也就是要重视并正确认识环境的特征和对设计的影响，并且以合理的方式，与环境建立起密切的联系。这也可以说是设计本质上具有的结合性。设计的结合性除了考虑环境的要求外，还包含以下的内容：尊重文化特点，符合文化精神；进入传统的发展脉络。做到这些，设计才可能促使围绕它的生态环境发生有益的变化，从而逐渐形成一个理想的和谐的"人—人造物—环境"系统，这也是现代设计所要达到的根本目的。设计师不应当被动地适应生态环境，不应当把失败当作学会结合的唯一途径。设计师应当主动地与生态环境相结合，提高对设计结合性的自觉意识，正确认识设计与生态环境、与文化、与传统的关系，提高设计与环境相结合的社会责任心，并积极地寻求有创造性的、适当的方式来完成任务。

在建筑设计中建筑设计与环境相结合的问题显得尤为突出。一些目光敏锐的建筑美学家和建筑师对此纷纷表达了自己的看法。意大利著名建筑史家和建筑美学家布鲁诺·赛维非常重视"建筑、城市和自然景观的组合"，把"组合"列入他所提出的现代建筑语言七项原则中，认为组合"创造了一种把空间与时间连接起来的动态，是运动的统一"。他进而指出："城市和地区的组合意味着建筑和自然环境的对话。"是对话而不是隔离或者处之漠然，这正是说明了建筑应当与周遭环境建立起必要的联系。英国美学家罗杰·斯克鲁顿在他的论文《建筑美学》中归纳了建筑的特征，其中之一是地区性。对此斯克鲁顿解释说："建筑物总是构成了它所在环境的重要面貌特征，随心所欲地复制不能不带来荒唐的不合理的结果。同样，随心所欲地改变环境也会影响到建筑本身。"这样，建筑不能不顾及环境以及可能发生的环境变化。他不赞成"把建筑作为一种独立自主的艺术形式来看待，好像它和城市规划、庭园化、装饰和家具没有关系"。其实谈到建筑的环境除了谈自然环境、社会环境，还要特别提出容易被忽视的文化氛围、文化积淀，这些是进入社会环境的文化产物。

有关建筑结合性的分析往往也适用于环境设计、室内外设计、园林设计等，它们之间本来存在着难以完全分开的联系。室内设计师总是不愿意将自己局限在封闭孤立的空间中工作，他们会拓展自己的视域，朝向相互联系的不同空间，朝向周围的小环境，甚至考虑自然、社会的大环境、大气候，以便将自己的设计与它们很好地结合起来，从而带动空间的使用者，将视野扩大到环境中去。这样，他们或许会通过类似中国园林中"窗虚蕉影玲珑"的框景、"因借无由、触情俱是"的借景和对景等手法，利用良好的室外小环境景观，使室内外得以沟通；或许会通过庭院式隔离带之类的手法，将设计空间相对封闭起来或将不理想的室外小环境景观隔离开来，但又不至于产生局促和孤独感。总之，都会考虑与生态环境的关系问题。家具设计自然要联系其使用空间环境来考虑，这种环境应当包括文化氛围之类的内容。家具的摆放要结合使用者活动的范围和秩序，即所谓"动线"或称"流线"，它们可能因家具设置而做出一些改变。

装饰设计，只要装饰艺术品的特征适合人在特定情景下的需要，这种装饰艺术品就能使人感到愉快。展示设计总是在创造一个大小不同的有着某种主题、情调、氛围的视觉环境。一方面要与它所处的外界环境相结合；另一方面又把观众包围在内，感染着他们，影响着他们。而观众也是一种动态的环境，反作用于展示设计，两者构成一种交互作用的关系，这一点对于如橱窗展示设计、展柜设计等尤其明显。无论何种设计，都会进入人们的视野，都可能增加视觉的环境美。

为了追求设计与环境的一致和协调，一门新兴的跨学科边缘科学——住宅生态学诞生了。它从理论的角度探讨建筑、城市住宅及其组合与外部环境条件（包括自然环境条件和社会环境条件）的关系，研究如何促进生态平衡和创造一个较好满足居住者生理、心理需要的舒适理想的环境。这个环境的质量标准是空气清新，无噪声、废气污染，交通方便，布局合理，风光优美，人际关系和睦亲近等，是一个综合性的标准。

设计离不开环境这一观念，这一观念应当成为设计的一个重要指导思想。作为人类一种重要创造活动的设计行为，总是在特定的外在环境中进行和展开的。只有在一定的自然环境和时代历史社会环境中，才能产生出某种设计的需要和创作内驱力，产生出设计主题，产生出设计创意和设计方案。设计行为所必须的材料、技术、信息，都来自相应的环境，体现出环境所达到的水平。经济代价超越环境水平的设计不会被公众认同，只能导致失败。而社会审美时尚，这种环境的美学标志，会成为设计所要依据的一种精神要求。事实的确是这样："要是我们脱离环境而存在，那么就不可能有什么设计活动，也不可能产生正确的观念和思想。正确的设计也就不可能被创造。"设计正确与否的论断，它的各种价值的鉴别和判定，也只有将它放到相应的环境中才能完成。整个设计活动过程，都要受到环境的制约和影响。

设计产品总会成为特定环境的一个构成部分。无论是一件家具、一只花瓶、一幅招贴画、一件服饰，还是一座建筑物、一所园林、一个装饰完毕的房间，都可以看作是大环境中的小环境或存在物，大空间中的小空间或实体。一件设计的产品会与它周围的日用品、陈设工艺品、房间、庭院、绿化带、建筑群乃至山林原野产生某种联系，共同构成一种具有特定内涵和丰富性的环境。同时，当设计产品与它被放置或设定的环境组成一个结构系统时，一种新的变化就可能发生。这一环境会赋予产品以某种新的特质。我们只要想象一位设计精美的礼服的穿着者，出现在庄重豪华的客厅和出现在杂乱肮脏的陋巷，给人的印象有多么不同就可以了。正如德国雕塑家和美术理论家阿道夫·希尔德布兰德所说："把生命力和多样性注入艺术之中的东西是新的环境。作为一种由自然展示的环境，当它发展成为一个艺术结构时，总是导致在艺术的自然规律所设定的范围内的新发现。"环境的这种作用是通过设计产品的内在本质和规律实现的，这种规律就是设计要受制于环境因素，要考虑产品所使用的场所环境，预想到当它处于该场所环境时可能产生的效果。

（二）社会意识催生设计

无论从整个人类设计发展史来看，还是从现代设计的诞生和成长的历史来看，我们都能清楚地发现环境对这种发生、发展有着不可轻视的作用。设计师任何杰出的个人行为，都是在环境作用下的设计发展历史潮流中涌现出的，然后才谈得上这种行为对潮流的促进作用。设计是为了改造、美化人的生存环境。从设计活动、产品和设计发展史的角度，我们都能得出设计离不开环境的结论。

对环境的研究可以以不同的方式来进行，环境研究本身是一个大课题。在通常的意义上，环境可以说就是围绕着某种物体，并对这物体的"行为"产生某些影响的外界事物。环境是经常存在的外界事物，可以说决定于它们是何种物质（主体）及如何将外界因素列举出来这两个问题。这里所说的"主体"可以指人，也可以指物。按照这样的说法，对于现代设计来说，至少可以有两类环境：一类是围绕着设计师，对其设计活动产生作用的外界事物，即设计师主体的环境，属于人的环境；另一类是围绕设计产品并对其产生影响的外界事物，即设计产品主体的环境，属于人工制品的环境。我们要讨论的，主要集中在设计师主体的环境，由于在哲学上我们一般将从事实践活动的人称为"主体"，所以不妨将设计师主体的环境简称为"设计主体环境"。

环境一直对人类行为举止有着根本性的影响，环境也对现代设计发生过和正在发生着这样的影响。基于不同的考虑，我们可以列举出设计主体环境的不同系列的因素。考虑设计师的创意产生的环境，我们可以列举出这样一些外界因素：社会的发展水平，公众的物质、精神需求，设计师获取信息的范围，他所属的家庭，他的社交圈等。学会从设计环境的角度，来分析影响现代设计师行为的外界事物联系，实质上环境最终影响着设计师的设计。

根据组成的因素或成分，设计生态社会环境可以分为经济环境、政治环境、军事环境、文化环境、伦理环境、技术环境、习俗环境等。这些因素或成分实际上是彼此联系的，但是对于具体的设计行为、设计运动和设计思潮来说，影响它们的社会环境条件可能以某一成分为主，这种情况在设计史上也是相当常见的。社会环境的变化，较之于自然环境更为明显。人们被自己所创造出来的人工制品包围着，被自己的同类包围着，沉浸、纠缠在社会关系之中，所以社会环境让人们更加直接地感觉到，经济、政治、法律、文化、战争、风潮、风俗等往往直接地对设计产生作用。设计生态社会环境对设计的影响也像自然环境一样首先以限制、制约和选择的方式体现出来。

设计要从外部环境，主要是从社会环境中获得自己所需要的动力以及原料、技术和手段，如物资、人力、知识、信息等，而这些东西并不是超时空的存在，而是在一定时代历史社会环境里的现实存在。农业社会环境里生活的人没有可能设计出航天飞机，偏远山区的人不会去设计信息密集型工业产品，计算机设计技术只会出现在科技高速发展的当今社会里，和平环境里的设计师们不可能以主体力量投入军用品的设计。人们总是在特定时代社会环境所限定的前提条件下从事文化活动，设计师也总是在有关设计的诸种社会环境因素所构成的限定条件下行动。设计师不能随心所欲，他对社会环境的某种偏离有时是可能的，但那正是在遵从社会环境的制约。例如，索勒里的"生态建筑"设计是带有超前性的，似乎与当时的社会环境不相一致，然而它却正是建立在尊重当代社会建筑要求和建筑水平的基础之上的。力图解决当代工业社会环境中日益严重的环境污染问题，较好地保存城市周围的自然环境，这些考虑正是"仿生城市"设计的原始出发点。

任何类型的展示设计都必须首先要有展品和展示空间。展品是人们各种文化活动的产物，留下了社会环境条件的痕迹。展示空间即现实的平面范围或三维场地，它是更大的空间的一个部分，被包容在社会环境之中。还有参观者即受众，没有他们，任何一个展示设计都不能说是完成的和有意义的。而受众的思想行为和设计者的思想行为，都是由他们所处的社会存在方式所制约。展示信息毫无疑问是一种社会信息。工业产品设计也好，广告设计也好，都需要考虑产品的销售和市场开发，那么，目前的市场情况，已有的同类产品设计，都会成为设计的限制条件。商标设计的随便改动自然不足取，但是当环境条件改变时，有些商标就不得不加以修改，以适合新的环境条件的要求，防止老化。例如，世界著名的希尔石油公司每隔五年左右就要对其商标做周期性的视觉性修正处理，这是为了适应年代的不同及道路和加油站周围景物的明显变化而进行的。

生活在社会环境中的人们愿意将自己的体验和感受投射到一切事物上。在当代展示设计中，一种倾向是对展示物或展品作"人格化"的处理，设计师的这种构想和处理，正是考虑了当代公众这种有着普遍意义的需要。例如，美国奥巴尼博物馆的棕熊标本展柜，就把林中一群棕熊标本布置成一个小型社会，它们之间似乎在交谈，富有某种情节性。纽约自然历史博物馆中的人体骨骼展柜和黑猩猩骨骼展柜都选择布置了类似家庭成员的标本。

设计生态环境的各个方面，无论是自然环境、社会环境还是两者的相互关系，往往协同对设计发生作用。这在上面的分析中已经可以看出。有些成功的设计正是设计者认识到设计的力量和效应与环境的关系，自觉地与环境相联系而完成的。一个典型的例子是全球性的"贝内通"（United Colors of Benetton）广告设计。这些服装广告设计并不着眼于服饰展示，而是关注当代人类生态环境的各个方面：环境污染、艾滋病、民主与和平、战争、自然灾害、种族平等与和睦、难民问题等。设计师从特殊的视角选择内容并给予特殊的摄影艺术处理，如充塞画面的无数个大小、形状一致的十字架，不同肤色的三个小女孩快乐地向观众吐舌头，别出心裁的创意，统一的图式原则，强烈的视觉冲击力和持久的思维穿透力，使这些关注全球热点的广告受到世界范围内的公众的关注，从而达到促销贝内通品牌服装的目的。

后工业社会的设计家受社会环境变革的触动和诱发，开始认识到现代设计的范围不应局限于产品实体的设计，而应扩大到全社会的组织商贸、文化活动。艺术交流的设计，即"软件设计"。这种全新的设计思想和设计要求，不是出自少数人的想法，而是源于设计生态环境的变化。

第二节 传统美学与环境设计

这里所说的传统文脉指的就是中国特有的传统文化在时代的发展过程中不断继承和发展之后的脉络沿袭，但不管时代怎样发展，人文艺术在展现的过程中始终或多或少有中国传统的身影。本章我们将主要就传统文脉中的设计与思维进行详细阐述。

一、传统文脉中的设计与思维

中国久远的历史使其形成了独特的内在文化脉络，在造物文化及建筑设计方面都蕴含了独特的东方美学及中华文明精髓。而这种文脉是中华传统美学的精华，也是现代设计应该遵从与借鉴的设计思路。当代设计师通过对设计理念与思路的分析总结来探寻文脉的起源，能够使中国的环境艺术设计回归中华文化，重新构建出具有中国特色的、贴合时代发展的、独具一格的设计文化[①]。

（一）文脉在设计中的职责与传承

随着军事、科技与经济实力差距的不断缩减甚至反超，当发达国家无法直接从军事与经济方面对发展中国家进行直接压制的情况下，文化意识形态入侵已经成为了发达国家压制发展中国家的主要入侵方式。我国在过去的一百多年内，与西方国家之间一直存在着一定的摩擦，从战争侵略到经济压制，面对他国的入侵与威胁，我国不断通过战略与姿态的调整进行着全面的抗衡。而随着我国经济政策与政治战略的不断落实，我国自身的文化产业实现了飞速的发展，同时我国的综合实力也在不断增强，现如今我国在政治、军事与经济方面已经不再受西方国家的威胁。在这种现状下，我国应该不断强化对传统文化的传承与保护，通过继承与发扬中华传统文化来抵抗消极西方文化价值观的入侵，不断提升我国的文化产业实力与竞争力，从而与西方文化产业相抗衡。而作为重要的文化意识形态产品，在环境艺术设计中共要充分体现对传统文化的继承与发扬，如此对内，能够更好地满足人

---

① 胡沈健，马嫱.论环境美学审美模式对景观设计的影响[J].美术大观，2017（07）：106-107.

民的精神与物质需求，不断推动文化产业正向发展，使文化产业能够具备更高的商业价值；对外，我国能够实现反向的文化输出，在国际市场中树立具有中国特色的品牌旗帜及艺术风格。

　　大数据时代的到来打破了信息与文化交流的壁垒，设计行业的发展也迎来了前所未有的机遇与挑战。在互联网平台中，多元文化间进行着激烈的碰撞与交流，这是设计与文化发展的沃土，也是东西方文化碰撞的最大擂台。如何在发展的过程中保持中华文化文脉连续，是中华文化能够在世界舞台上屹立不倒，如何将中国制造的标签变为中国原创的标签，是当今社会急需思考的重要课题之一。在信息大数据时代，中国必须不断强化文化自信，中华民族数千年的文化传承，应该为中华儿女建立强大的文化与精神支撑。我们在面对文化碰撞与信息交流时，不应该妄自菲薄，一味推崇外来文化而轻视中华文化的深厚性与智慧性。否则，在这个鱼龙混杂的信息场域内，缺乏文化自信的人在大量吸收来自各方的信息后，会容易受到西方快节奏的影响，被西方物欲价值观套上巨大的精神枷锁，而导致在内心形成只能通过物质消费而缓解的痛苦。这种西方物欲价值观，在很长时间内在西方社会乃至在我国都占据着主流地位，但随着时代的发展，不仅西方国家对于这种价值观展开了自我反思，我国更是认识到中华文化才是更适合于人类发展的大智慧文化，中华文化中所蕴含的和谐圆融、自给自足的理念充分体现了哲学深度，在人与人相处、人与自然相处及人与各维度空间相处时，最终理念能够为人提供最正确、最直接的引导。尤其是在西方价值观爆发出种种问题的情况下，中华文化与思想的智慧性及长久性得到了充分的体现。由于西方设计在某种程度上存在一定的先发优势，这种优势也深深影响了中国的现代设计，因此，当一个设计作品是传承中国文脉思维产生的时候，对于深受西方设计思想影响的中国设计界来说可能本身就是一剂清凉甘露，起到了平衡当下社会中某种精神的作用，也让更多设计工作者能正视自己的传统文化与物质遗产。所以传统文化哲思下"中国语境"设计的创造与成熟，在全球范围一味推崇美国式西方价值观的当下，是如此迫切，是我们的当务之急。

　　基于此，我们可以对设计概念进行重新的定义，从更加广义的角度来看设计。目前中国设计领域不断开展对广义角度影响设计外眼的元素的研究，在不断探索中发现，民族的内在特质与精神价值取向是影响设计外延的重要因素，而历史文化、文化审美倾向、民风民俗、哲思惯性乃至最基础的经济、军事因素也会对其造成重要的影响。而上述因素的差异会直接体现在设计作品中，这也是不同文化及地理区域下的设计会存在明显的哲思与价值取向差异的根本原因。例如，古希腊、古印度、古巴比伦、古波斯、古西域诸国及古代汉地都是从屹立于世界之巅的古代文明，而在不同文明的设计中所呈现的人文艺术存在着巨大的差异。而在正是这种差异的同时，人们应该思考民族的文化内涵是不断发展的，而民族间也会主动或被动地展开文化交流与融合，受融合与冲突的影响文化自然而然的也会产生变化，而这种变化将会直接在作品中得以体现。例如，佛学最初是由外来文化引入中国的，而从佛学引入中国化佛学（唐风）的确立，其中历经数百年的发展，在发展的过程中，佛学也受到了中国本土的儒家与道家的影响，最后形成了"儒释道"相互融合的文化内涵，这也是中华文化的跟基于主要文脉，同时这种变化也在佛教艺术中得到了最直接的体现。随着儒家与道家对于佛学的影响越来越深，佛教的造像、壁画、洞窟与寺庙形制也在不断的发生变化。然而这种变化是在长期的潜移默化的影响中自然而然的形成的，并不是强行的融合。反而是近百年来，西方文化的强制性介入，导致在很多中国环境艺术设计作品中体现出了强烈的中西方文化冲突，如上海、天津、青岛等地的殖民建筑，不仅不会给人以美的观感，甚至受历史及心理因素影响，很多国人在看到这些建筑时都会油然自主的产生不适感。而在同一文化背景下，不同的历史时期也会使艺术作品中所呈现的人文价值产生一定的变化[①]。

上海外滩

　　由此可见，无论是从广义还是从狭义的角度对设计学的内涵进行理解，环境艺术设计中都应该充分体现对传统文脉的传承。对内，文脉的传承，能够有效刺激国民消费，同时引导人们进行反思是否已经遗忘了中华的光辉历史，是否导致了中华的人文历史及文化精神逐渐随着时间而不断消逝。对外，在环境艺术设计中融合文脉，能够帮助设计师在国际市场中打造民族品牌，有效抑制西方文化在国际上的侵略，阻止文化意识形态的全面西化。如何对传统文化及文脉进行本质传承，如何在设计作品中体现文化精神及价值取向，如何

---

① 王成，李智君.传统工艺美术融入环境艺术设计课程教学的应用研究[J].美术文献，2019（02）：81-82.

在设计作品中体现自身价值观的同时蕴含中华民族文化凝聚力及自信,是当代环境艺术设计领域需要重点探讨的核心课题之一。

(二)传统文脉的传承现状与"人文工艺"

1. 传统文脉的传承现状

近些年来,西方掀起了工业化的思潮,物质消费主义开始在全球范围内蔓延,而随着经济全球化的发展,文化之间的壁垒逐渐被打破,多元化的文化发展固然有其优点,但在其他文化的猛烈冲击下,我们必须认识到中华文化传统文脉不断衰弱与消逝的现状。在中华传统文化中所蕴含的诗化思维及核心价值观都受到了西方文化的冲击与挑战,尤其是在设计领域,中华文化所蕴含的独特的创造力被不断的忽视。应该是引起人们深思的是,随着中国经济的不断发展,城市化脚步的不断加速,作为发展中心的大都市本应担负起传承文化、传播文化的责任,但现在大多都市中现代工业文明的色彩浓厚,很多城市的空间与构造中,已经逐渐丧失了中华传统文化所蕴含的审美意境,不能够体现出人与自然和谐发展的圆融关系。在中华传统文化中,无论是儒家的存心养性理念、道家的修心养性理念、禅家的"明心见性"理念都是中华千百年来沉淀出的精神文化,能够帮助人们感受到返璞归真的体验以及人生的价值与终极理想,对于审美及文化内涵都具有重要的影响。然而这些中华文化中的精华在现代环境艺术设计中已经逐渐被西方文化价值观所淹没,在设计理念中过度体现工业化的设计思维而忽视了中华传统设计思维的融合,这也是我们研究中国传统文脉的一个重要原因。

当代中国设计中存在着严重的"物欲横流"的现象,充斥着消费主义、物质主义及欲望诉求,缺乏东方文化的底蕴与审美意境,西方设计理念与产品在城市规划、建筑设计、环境景观、公共艺术及家电广告包装中泛滥成灾,过度推崇西方现代工业审美及物质主义价值观,导致设计领域以毫无内涵乃至反美学的理念为主流思想,到处充满着雷同的、突兀的城市规划及设计。盲目照搬西方设计是中国设计艺术的流行病,在中国设计中并不能良好体现中国传统美学中的"生活方式说""共生美学观"等具有深厚内涵的美学理论。

当代中国设计不仅是在价值观方面盲目借鉴西方粗陋的设计理念,更是在综合价值上将着力点放在了初级商业资本层面。这样的设计模式只需要在同类设计中追求适当的出彩,从而实现理想的商业利润即可,这导致了环境艺术设计逐渐偏离于自身文化建设。当代中国设计并没有对中华传承千年的"物我相融、天人合一"的精神理念,反而一味地追求仅历经二三百年的西方弱肉强食的资本形态意识,单纯地将设计作为盈利的媒介,在设计中摒弃了文化传承与道德教养,为了实现理想的商业利润甚至妄图激发人性中的贪欲自私。这种设计理念是有违人性的,固然在长期发展中设计学科不断细化与正规化发展,但这种唯利是图的西方标准与思维惯性若一直贯穿于设计中，若设计一直罔顾自身文化、道德教养与审美高度的发展与传承，则必然会脱离于艺术领域，甚至会走上歧途。但是这种现象在当今的社会中已经成为了一种惯性与普遍现象。

追溯到民国以前，我国各朝代在进行建筑与环境设计时，都在不断探求人与物的微妙平衡，上至皇家寺院、人文园林，下置瓷器摆件、文房雅玩都充分体现了当时人们的精神与心理需求，以艺术性的语言体现出人文民俗。在中国传统设计中，饱含了对技术的极致追求，这其中固然匠人们也具有内心的物欲，但在道德修养的规介与社会道德的约束下，过度的物欲都会被禁锢与消融。当时的匠人可以去追求庖丁解牛式的技术，通过对技术的追求来实现道德的修行，匠人们追求以人文工艺通向宇宙天地，就是一种更深层次的内在追求。当时"唯利是图"的心态被有效的禁锢，而西方价值观的强制性如同打破了这层禁锢，将人们过度的物欲心释放，从而导致设计者的设计目的与心态发生了翻天覆地的变化，已经逐渐偏离于中华传统文脉及中华民族气质，中国当代设计已经逐渐丧失了人文工艺的色彩，在大众生活中充斥着西方的设计符号。这种冲突与影响不仅体现在设计领域，我国诸多领域都面临着不中不西的尴尬，人文艺术的发展整体陷入了僵局，民族文化自信心在不断流失，源于传统文脉的几近断裂！

2. 文脉"体、用"与"人文工艺"

"人与人、人与自然、人与各维度空间之间的圆融共通"是中华文化的主流思想，也是中国哲学思维乃至东方哲学思维的核心文化价值观，这种价值观深刻地诠释了人类终极理想境地，也体现了古人对这种境地的深刻思考。而这种价值观的"体、用"在中国古代皇家贵族的"国家宗庙""祭祀礼器""帝陵皇家"以及文人士夫的"园林丘壑""诗书画印""读经饮宴"中都得以明显体现，在人们的衣食住行中都有所渗透，而中国古代的日常设计艺术创造中更是生动的以艺术化的形式将其展现出来。因此，中国的传统建筑及装饰品中都蕴含着独特的中华人文审美内涵。而在中国传统文脉中，各个时期的哲学思想及美学意境，装点文脉的一颗颗璀璨的明珠，连点成线最终融合成中国哲思体系，也交织成为能够体现东方审美文化的传统文脉。

而博大精深的中国文化，文脉传承下精妙绝伦的艺术，二者之间又存在着精微的"体、用"关系与"理、事"作用。可以这样说，中国文化折射下的种种人文艺术、除书画雕塑、音乐舞蹈等形式外，那些被西方现代设计概念归类的历代城规、建筑、寺庙园林、人文景观、室内陈设、家具、文房雅玩、笔墨纸砚文房工具等的呈现与发明，就算用当下所谓最"新"（"新"这种品评观念一定正确吗？就不用提升到文化层面思考吗？）设计观念再来重读这些"设计"，依然会让世界为中华民族文化、民族智慧而倾倒和赞叹！

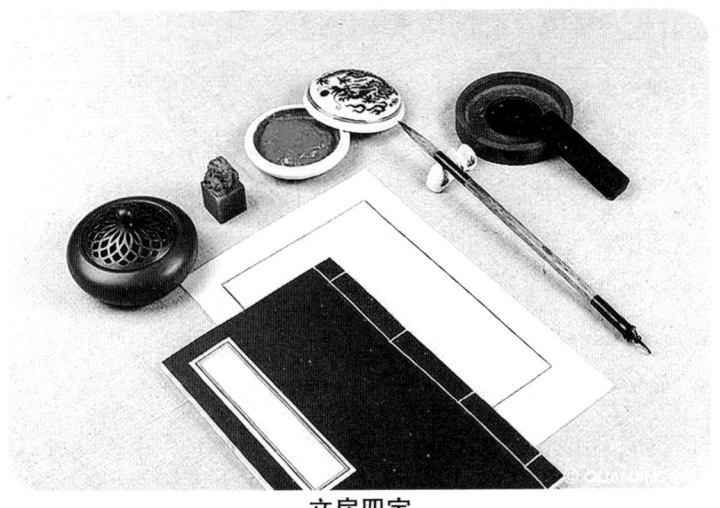

文房四宝

中国传统文化历经了数千年的时光沉淀，经历了由古至今的不断发展与积累，已经成为了能够体现中华民族底蕴与特色的文化形态，中国传统文化的存在一方面是世界上唯一能够与吸血体系所抗衡的完整文化形态，同时也是世界文化的瑰宝。在中国传统文化中蕴含着深厚的思想底蕴，凝练了人类对于精神内涵的极致思考，注重文化形态是完善而丰富的、深邃而哲学的。在中国传统文化中通过哲思体系实现了人与群体、自然及天地空间的连接与融合，体现了我国自古以来对于天人合一的追求，同时也对于中国人文艺术造成了深远的影响，是人文公益本质内涵的存在。自古以来，传统文化与人文工艺之间的关系犹如母与子，体与用，而这种关系在三教融合的推动下更为精妙与丰富。二者之间相互依存、相互关照的连接更为紧密，从而形成了难以拆解的亲密连接。在中国文化中，人文公益一直是其核心的组成部分，它一直扎根于民族文化中，在历史发展中对赋予了浓厚的民族特色，同时也实现了人文工艺与深远文化精神的内在连接，通过不断沉淀形成了完善的人文工艺表现形式与语言。

在西方文化中，人文工艺的语言不外乎"冷、热抽象""包豪斯设计概念"以及现当代资本商业时代"设计学科"。与之相较，中国传统的人文工艺从目的、审美高度、表现形式、人文工艺语言以及现实应用方面都具有超脱性，在世界环境中也足以傲视群雄。中国传统人文工艺中蕴含了对宇宙人生的终极关怀，体现了艺近乎道的境界与理念，更加侧重于拯救与逍遥的精神审美。简单来说，中国传统的人文工艺是东方终极关怀式的人文工艺，而西方的人文工艺仅是以资本商业为目标的设计制作，这两种文化体系展现了两种宗教文化信仰下的价值取向，是不同哲思理念下所形成的两种不同的文化脉络，是不同渊源所诞生的不同的文化体系。这两种文化脉络都曾经历过光辉的历史，但其本质与内核的差异使其必然走向不同的发展道路。

(三)当今时代对传统文脉的传承与梳理

纵观西方设计理念发展史,以"环境设计""公共艺术""空间研究"的发展为脉络,在20世纪30年代,西方设计理念体现出明显的重工业功能,轻人文精神的特点,发展之80年代以罗伯特·文丘里为代表的重装饰的后现代设计才逐渐崛起。在21世纪初期,西方设计者们才逐渐认识到人与环境的关系在设计理念中的重要性,明确设计的目的应该是为了满足人类艺术化的基本生存需求,在设计中不应该单纯追逐商业暴利,而是应该体现人类的自由。也是在这一时期,可持续化环保设计理念逐渐兴起,并在近几十年中得到发展与普及。目前,西方的设计观念也向着"环境与人文理念""艺术化生存""绿色可持续化设计"等方向发展,由此可见,西方设计史的演变也是一个逐渐成熟、开始步入本质内涵的过程。

而在中国现代设计领域,设计者们对于设计的发展方向存在着几种主流观念:有的认为应该倡导可持续发展的设计理念,从生存、生产与生活环境入手打造生态文明时代;有的认为应该强化民族文化在设计中的融合,展开具有中国传统文化色彩的环境设计,提高环境设计的庄重感、简明感与大方感,是空间设计能够为人们营造舒适淡然的生活意境,起到缓解身心压力的作用,满足人生理与心理双重需求,从而实现诗意设计;有的认为在设计理念中,应该实现现代性与民族性的统一,和谐统一的理念将城市与景观打造为生存的艺术,提倡对传统艺术的现代解读等。这显然是一种进步,同时也证明了东西方的现代设计概念都在进行不断的反思与觉醒,而城市规划、环境景观与公共艺术的兴起,也体现了设计领域对人与环境关系的正确认识。因此,中国现代设计在发展时不必过度追求西化,而是应该正视我国民族的特色与优越性。

近几年内在国内部分设计师的推动下,忽视中国传统文化及审美价值的现象已经有所改善,但大部分理论研究者与设计师尚没有形成危机意识,这也表明设计领域对于传统文脉的传承任重道远。而中国古代各个时期都具有独具特色的人文山水观,而在人文山水观中充分诠释了传统文化的哲思、诗意及精神内核。因此,中国设计师还应该强化对于文脉的研究,致力于将其转变为中国语境下的设计语言。

在哲学与艺术领域,一直没有逃离关于人与自然关系这一课题的讨论与研究,即使是在物质文明高度富足的21世纪,人们仍然针对这一精神性的问题进行着不懈的探讨。但从历史角度出发,中国5000年所沉淀的文化哲思及文明是中国传统文化中对于人与自然进行了良好的诠释,围绕着人与自形成了和谐融通的哲学思想,汇聚而成了具有中国特色的"可观、可望、可游、可居"的山水精神。

这种从人与自然角度出发所形成的山水观在唐宋时期更是被发展至顶峰,由山水观为中心钩织了完善的山水美学意境，并提炼衍生出系统的艺术理念及图示表达体系，其中的"造景而造境""万法兼备"等理念更是长远的影响着后世的设计。而当代设计艺术创作者需要做的就是将这种诗化哲思的设计理念融入现代人文理念中，并通过设计艺术表达语言将其体现在设计作品上，像社会与人们传递这种世界万物和谐共荣的终极理想及思想境界，最终实现当代设计与传统文化的融会贯通[①]。

在全球化环境中，设计语言的创新不仅能够对中国文化进行良好的传承，实现中国产品向诗化原创的转变，有效融合现代设计与中国传统诗化美学，同时对于民族自信力的提升以及国家国际影响力的提升都具有深远意义。在文化复兴战略引导下，中国要走出去看世界，同时也应该带领世界更深刻了解中国。在这种双向交互的观念下，中国文化与中国设计将会焕发新的生机，在文化自信支撑下，中国设计也必然会深受世界各地人民的喜爱。一直以来，中华民族都是具备旺盛生命力的民族，中华文化即使受到外界文化的猛烈冲击与阻碍，也能够在逆境中崛起，屹立于世界的东方！

二、中国传统美学思想及其继承方式

现代环境艺术设计思维的变化就像对时尚潮流的追求，不断推陈出新。现代人对环境艺术设计的需求越来越丰富、高度和全面。它要求形式上的创新，精神上的文化内涵。这就要求我们以中国传统美学作为现代环境艺术设计的支撑点，从中汲取精华。本章将对传统美学与环境设计的相关内容进行研究。

虽然现代人的生活需要现代环境和现代产品，但中国的现代环境艺术设计并不是要抛弃历史，失去传统特色，或者全盘西化。当今的环境艺术设计是强调历史的延续性，提倡民族性，赋予文化内涵的设计。因此，现代环境艺术设计应该继承中国传统美学批评，通过继承、创新、吸收和学习，从而达到古今结合、古为今用、以今为主、为今所用，中西结合、西为中用、以中为主、为中所用的目的。

（一）批判与继承

中国是一个有着悠久历史和文明的国家。与世界其他民族的文化相比，中国传统美学具有悠久性、延续性、宏大性和深远性的特点。中国传统美学的精髓与糟粕并存，在欣赏其独特魅力的同时，也要对不适合这个时代的部分进行无情批判，从而对其精华进行继承。传统文化既有保守的旧思想，也有改革旧思想、创新新思想的进步倾向。随着新技术和新材料的不断出现，世界文化也在不断地交流和融合。如果我们不能否定那些与时

---

① 黄帅男. 基于环境行为学视角的传统美学展示设计研究[D]. 浙江工业大学，2019.

代脱节的传统美学，那么我国的现代环境艺术设计就会远离时代精神，重复闭关自守的错误①。

批判的本质是反思与提炼，在批判的过程中能够使传统美学中的糟粕部分浮出表面，这些会阻挡人类进步的消极因子以及与现代美学完全相悖的因素，是人们在环境艺术设计传承传统文化过程中必须放弃与剔除的。例如，因为社会制度的因素，导致中国传统美学中也体现出了死板的等级制度，这种等级制度在建筑、室内装饰，包括服饰等方面都具有明显的体现。在古时候，人们的衣食住行根据等级的划分都具有极大的差异，这是那个时代鲜明的时代特征，但是在现如今追求平等、追求自由和个性的现代社会中并不可取和适用。

所谓传承，就是弘扬中国传统美学的精髓，继承其美学思想，对现代环境艺术设计起到积极的作用，促进设计思维的发展。在分析和研究中国传统美学的过程中，我们学习了古人的美学观念，如天人合一、崇尚自然、整体美、虚实结合等。这些美学概念不仅为传统建筑和室内装饰提供了理论依据，而且对现代环境艺术设计的文化内涵具有同样重要的指导意义。

（二）去糟粕，取精华

事物都是有两面性的，不能一概而论。在分析事物时、我们必须从整体出发，而不是仅从一个方面入手。文化、民族习俗和地区差异创造了我们多样化的世界。设计师必须了解不同人的文化成就和个性特征，才能完成每一项优秀的设计工作。有风魂的设计都是在不断创新和学习之后产生的。在继承中国传统审美思想的同时，设计师必须吸收本质，抛弃糟粕。但是我们不能盲目地照搬古人的设计方法，盲目地就把传统给舍弃了，而是应该在尊重历史的基础上有选择地传播中国传统美学，不断地满足人民的需要。设计不是机械装配和收集，只有了解时代的特点和个人的需要，才能将其本质融入现代环境艺术的设计中，不断向前发展。

在现代环境艺术设计的长期发展过程中，根据不同的地域、不同的民族习俗和文化细节，形成了不同的风格和体裁。当我们从古人的传统美学设计理念中吸取教训时，我们必须努力提出新的、改造旧的、创新的、抛弃渣滓的、揭取精华的、适应当地条件的措施，使每一个元素都能发挥作用。传统美学的本质，如模仿自然，将自然与现实相结合，回归自然，婆罗门与人的统一，自然的空虚、是设计师追求的目标，是现代环境艺术设计的最高审美艺术理念。

---

① 曹晓楠.传统美学在环境艺术设计教学中的启示——评《中国传统美学与环境艺术设计》[J].中国教育学刊，2019（09）：116.

（三）综合与创新

综合包括两种意义。首先在对中西方文化的比较研究中，比较了中西方审美思想的差异，把握了中西方文化的不同特征。我们要认真区分中西方美学，根据时代的要求，将中西方美学的先进思想有机地结合起来，应用于现代环境艺术的设计中。从这个意义上说，日本值得我们研究和借鉴。日本的现代环境艺术设计以当地文化遗产为基础，不断吸收各种思想。弥补自身的文化缺陷，形成双重优势。现代环境艺术设计必须摒弃狭隘的民族主义自我孤立、百口排斥和傲慢的偏见，以宽广的胸怀容纳每一条河流，不断整合和吸收导致现代环境艺术设计发展的文化和美学思想。其次，中国传统文化是十分多元的，以儒释道为代表的诸子百家的思想理论中都体现了美学思想，而这种美学思想随着各学派的发展而不断变化。因此，在探索中国传统美学时，应综合分析各时期、各个学派的美学理念，从中凝练出符合现代环境艺术设计需求的美学思想，综合汇总成符合现代环境设计的新理念。这种综合是一种具有综合性、比较性、分析性与鉴别性的综合，同时这种综合必须与创新密切相连。

在综合的基础上展开具有新意的艺术创作，既为创新，这是一种更贴合历史发展与时代需求的创作，是历史与时代进步的表现。而对中国传统审美的创新主要取决于现代技术的应用、建设材料的进步，人与人、人与物和物与物之间的关系，中国传统审美升华的思想，然后把他们运用在现代环境艺术设计。例如，古人普遍意识的创新反映在环境艺术的现代设计中，即室内和家具的综合设计、情感诉求的构建等。我们也可以将旧的设计方法从借来的场景和改变的场景，从园艺的步骤到现代环境艺术的设计，这是中国传统美学的创新遗产[①]。

（四）古法再现

很多人对于中国古代建筑都充满了好奇心与向往之感，这也使其成为了各地区重要的旅游项目，当后人真实的身处于中国古代建筑之中时，往往会有感于古人的奇思妙想，被古人的设计风格、艺术形式及建筑方式所震撼，很多中国古代建筑更是被誉为了人类的奇迹。而中国古代建筑的特殊性，主要源于中国传统美学理念，它通过独特的创作手法与思维方式将崇尚自然、虚实结合、美善合一的美学理念融入了每一处景观中，在中国传统建筑中生动的体现了天人合一的审美哲学，具有浓厚的中庸之美。而这些都能够对现代环境艺术设计进行启发与引导，虽然很多传统艺术装饰并不能被直接地应用到现代环境艺术设计中，但是古人的设计方案与思维方式能够带给设计师以灵感，让设计师以辩证的思维在

---

① 许曈.传统文化装饰性美学在现代环境艺术设计中的运用[J].建筑经济，2020，41（11）：155-156.

艺术创作中融合传统美学。例如，不同于西方文明在建筑比例方面所推崇的黄金分割美学，中国传统建筑的开间、台阶、配件设计都受到了《易经》的影响，到处充满了九的元素。同时在中国传统建筑中，室内与室外设计具有互联性，内部、外部空间形成联动，且内部空间更具有灵活性。这些设计思路都可以被应用于现代环境艺术设计中。

总而言之，现代环境艺术设计者应该立足于国情，提炼中国传统美学中能够为今所用的元素，辩证选取适合借鉴与应用的经验与思路，在现代环境艺术设计作品中实现中国传统美学的融合。

中国传统建筑

三、传统美学与现代环境艺术设计

在久远的历史沉淀中，我国累积下深厚的传统文化，在新时代下传统文化重新焕发出光彩，同时也被融入于各行各业中，而传统文化与其他行业的融合也更有利于对其进行传承与弘扬。而在艺术设计中，中国传统文化具有充足的融合空间，在音乐、服装、建筑、环境等领域都能够渗透传统文化，尤其是在现代环境艺术设计中，传统文化的应用已经取得了一定的成就，对其设计水平起到了优化作用，通过融合能够使人们享受到更佳的视觉与精神享受[①]。

（一）环境艺术设计审美要素分析

1. 整体美

整体是指整个事物或组织的整体，而不是部分。整体美就是把整体和谐看作美。这一

---

① 任志涛. 传统文化装饰性美学在现代环境艺术设计中的运用[J]. 今古文创，2021（13）：108-109.

观点源于中国传统美学的整体意识，与西方古典美学所强调的个体美形成了鲜明的对比。

从环境艺术设计的审美的角度来看，环境艺术设计的审美意境源于各种元素的组合，从统一由最基本的元素（如点、线、面、色彩、材料、形状等）通过一定的可感知的外部媒体的联合行动。在环境艺术设计中，强调整体的美是形成一个有机统一的整体，通过综合分析影响设计的所有元素，充分考虑所有元素之间的相互关系和影响，充分发挥所有元素的作用，并使所有元素恰到好处地应用上。

2. 功能美

环境艺术设计是艺术创作与设计技术相结合的设计活动。换句话说环境艺术设计不仅要追求艺术之美，还要满足技术和功能的要求。因此，我们提出了功能性美的美学概念。

功能泛指对象所具备的满足需求的能力，扩展至环境艺术设计中，功能性主要体现在设计对象内在物质基础所具备的实用性，最核心的是对人类生活需求的满足，即满足人的功能需求。设计师必须将人类对环境的需求作为项目的首要目标，并在满足功能需求的前提下进行功能设计。

功能美是环境艺术设计众多审美追求中最基本的这种追求，这种追求充分体现了环境艺术设计以人为本的理念，需要结合实际情况，综合人文、环境、社会、科技、经济等多层面展开设计，从而使其能够从物质与精神两方面充分满足人们的需求。若环境艺术设计的人类需求满足仅停留在物质层面上，则会导致其设计作品缺乏灵魂，过于死板，反之若此类设计的人类需求满足仅停留在精神层面上，会使其作品过于空洞、浮于表面，缺乏实用性。因此，在环境艺术设计中必须实现物质与精神的良好整合，以此为基础进行功能美的表达。同时，环境艺术设计中应该充分体现科学与技术的融合，对于功能美的阐述以及环境艺术设计的方式应该跟随着社会与科技的突破，以及人类审美与价值观的转变而不断变化[1]。

随着人们审美意识的不断提高，环境艺术设计呈现出主元化发展的态势。设计风格可以说是满地开花。然而，无论什么风格和流派，设计中最基本和最重要的还是满足人们对功能的需求。在环境艺术设计中。创造符合功能美的设计是非常重要的。只有在满足人的功能需求的同时。给人以美感，环境艺术设计才能不断地发展和完善。

3. 形式美

形式美泛指色彩、形状、线条、声音等构成物质材料的自然属性，在节奏与韵律的凸显下融合绘制的审美特性。

就纯粹的形式美而言，形式美不依赖于其他内容，是一种相对独立的审美观念。而环

---

[1] 康凯.基于美学理念的室内环境艺术设计[J].开封教育学院学报，2016，36（07）：255-256.

境艺术设计的形式美属于一种依附美。换句话说，环境艺术设计的形式美必须与功能美紧密结合，才能称为设计的形式美。环境艺术设计的形式美充分体现了设计者的创造力和构思。它不是单纯欣赏的孤立概念，而是需要通过一定的艺术设计和技术创作方法以及人们的审美意识来加以完善。从抽象的形式美到环境艺术设计中形式美，不仅实现了美学的物化，同时也充分体现了形式美的发展与演变。而万事万物皆有定律，环境艺术设计中体现形式美也与其他事物相同，必须遵守着形式美规律。人们通过形式美规律能够使生活中比例、平衡、统一与节奏实现协调，不断改变着自身的生活。而形式美规律伴随着时间的推进也会不断产生变化，顺应时代的发展而发展，这就需要设计师在充分发挥主观能动性的基础上，遵循形式美的法则，将形式美与功能美相结合，进行综合分析和灵活应用。

环境艺术设计将精神文明紧密融入了物质文明中，在设计的帮助下，人们对生活与环境进行了良好的改善，不仅夯实了物质基础，同时提升了感官享受。而在形式美的视角中，人们也发现了更为广阔与全面的环境艺术设计。人们不仅注重色彩、造型、风格等设计元素，还通过综合整合实现整体设计的整体性和艺术性设计作品，赋予环境艺术设计更为深厚的文化内涵。环境艺术设计的主要目标之一就是对人们生存与生活需求的满足，而在不断发展过程中室内环境的风格与设计形式具有无限的扩展空间。因为人的审美并不是固定不变的，因为审美的变化性导致美与丑也并不是永恒的，对于设计审美的探索既没有终点也没有边界。而设计师在正确认识形势与美学的连接后，应该从美的角度出发，充分体现环境艺术设计的形式美。

（二）环境艺术设计的趋势

1. 设计营造纯粹化

中国传统美学是建立在对生活的一种现实态度上，去感受一切事物原本的纯美。中国传统美学主张的纯粹与清洁是密不可分的。而在现代环境艺术设计中，很多设计师格外重视设计作品中环境的纯净与洁净性。但在追求纯净与洁净气质的时候，往往容易产生设计作品过于空洞与苍白的问题，这就需要设计师熟练地掌握设计技巧，不断地凝练设计内容，在保留设计性与美感的同时，最大限度还原环境气质的真实性与独特性，从而通过设计营造纯粹化的环境。如日本建筑师安藤忠雄，他的设计中往往仅包含少数的几种纯粹材料，对材料也仅进行简单的表面处理，通过缩减与限制设计语言，提高设计作品的纯粹性。在他的很多设计作品中用了简单抛光的清水混凝土、未经加工的原木木材以及厚有机玻璃，这些材料都具备极高的纯洁与清洁气质，相对简单和谦逊，但这些材料结合在一起显示出惊人的谦虚之美。他的建筑美学意境充满了清纯之美。在当今中国社会，我们应该学会用中国传统美学的淳朴思想去感受当下的生活，用设计去引领更高标准的现代生活，追求更高层次的精神享受。

2. 功能彰显人性化

中国传统美学探讨的是人的本性如何得到自由的发展和发挥。以人为本是环境艺术设计永恒的主题。随着生活水平的提高，人们对于生活环境的要求也在逐步提升，对于环境设计中的功能体验具有了越来越细化且具体的要求，而人们需求的深刻话语细微化使设计师在进行环境艺术设计时必须更多地重视细节的处理。而为了使设计作品能够体现出人性化的功能，就需要设计师充分了解人的生理与精神需求，无论是空间、陈设还是装饰设计，其核心目标之一就是优化人的生活品质与生活环境。由此可见，人是环境艺术设计永恒的核心，而为了满足人的需求，彰显功能的人性化，环境艺术设计必须拨开表面的迷雾，直指最中心的本质问题，在揭露最自然的需求后，通过创造性的设计有针对性地解决问题，以用户的真实需求为设计的根本出发点，要求我们从人性出发，满足人的生理和精神需求，促进人的行为[1]。

3. 材料表达自然化

随着中国经济的发展和社会新技术带来的不断变化，现代环境艺术和设计材料的使用越来越广泛。但与此同时，人类赖以生存的自然环境也遭到严重破坏。自然资源不断减少或消失。自然生态环境已成为未来社会发展中最重要的问题之一。在中国传统美学中处处都可以体现出古人尊重并崇尚自然的理念，而这种理念反而在现代设计中逐渐消失。面对着日益严重的自然生态环境问题，当代环境艺术设计师们必须再次慎重考虑人与自然和谐发展这一课题。这些年来，现代环境艺术设计逐渐走上绿色化发展的道路，更加强调对绿色环保材料的应用，这也使绿色环保材料逐渐出现供不应求的现象。因此，很多科研机构先后成立了环保材料实验室，不断研发新型的健康环保艺术设计材料，为环境艺术设计提供更多的选择空间以及材料品质的保障。随着人们越来越重视环境中自然景观的呈现，生态环境艺术设计必然会成为设计师未来的重要发展方向及主要的设计挑战。出于人们对自然生态环境的需求，回归自然成为了当代主流的环境艺术风格，越来越多的设计师们开始考虑如何在设计作品中自然地表达材料。

4. 风格凸显民族化

中国是一个有着几千年文明历史的古老国家，也是一个统一的多民族国家。几千年的沉淀不仅为中华子孙留下了厚重的精神遗产，在历史沉淀中所传承下来的中华文明及历史遗迹更是环境设计中的绝佳素材。多民族的特殊性丰富了中华审美文化的层次与多元性，作为世界东方的一颗明珠，我国代代相传的民族文化在现代环境艺术设计中反而消失灭迹，

---

[1] 韩晓娇. 试论中国传统美学精神对现代景观设计的影响[J]. 美与时代（上），2011（03）：71-73.

诸多现代设计师在面对环境艺术设计民族化发展这一课题时茫然无措。因此，在环境艺术设计发展中，中国设计师应该深入思考如何在设计中传承中华文明，如何形成独具中华传统美学特色的环境艺术设计风格，从而让世界对中国现代环境艺术设计刮目相看，为世界环境艺术领域带来震撼与震动。自20世纪80年代起，环境艺术设计在中国发展并崛起，但初期的设计风格与设计方式多为对西方设计方案的模仿与搬运，而西化风格至今对中国的环境艺术设计都具有极大的影响。当时，在中国的各行各业都盛行拿来主义，简单照搬照抄使中国在很长一段时间内逐渐流失了诸多优秀的传统审美文化。但随着经济的进步及文化的复兴，中华的审美底蕴再次得以体现，在传统文化的影响下我国开始摒弃了一味追求奢华装饰材料的审美情趣，在环境艺术设计中逐渐实现了传统民族文化的渗透与融合。而伴随着国际化交流的日见频繁，中国设计师必然能够将传统民族文化继承并发扬，向全世界展示中华独特的文化与美学。在未来，中国的环境艺术设计中必然会在充分体现现代审美情绪的同时彰显民族传统文化。儒家、道家等中国传统思想的审美价值，凝聚了中国几千年的审美文化价值。对中国传统美学的理解和感悟有多深，中国环境艺术设计对民族文化的渗透有多广、有多远，中国传统美学所反映出的美学思想必将把中国环境艺术与设计推向一个新的高度。

第四章

传统文化的发展对现代设计的影响

第一节 中国传统文化的概念分析

一、传统文化概述

文化，始终是设计界所关注的一个重要话题。这是因为文化是设计之源，两者有着不可分割的关系。设计将人类的精神意志体现在造物中，使其具象化，并通过造物来设计人们的物质生活形式，而生活形式本身就是文化的一种载体。一切文化的精神层面、行为层面、制度层面、器物层面最终都会在人的某种生活方式中得到体现，即在具体的层面得到体现。所以说，设计在为人创造新的物质生活方式的同时，实际上就是在创造一种新的文化。

文化，广义上讲，它是指人类在改造世界的社会实践中所获得的物质、精神生产的能力及其所创造的财富的总和，包括物质文明、精神文明和制度文明。狭义的文化主要是指精神生产能力和精神产品。

所谓传统文化，广义上包括中国有史以来的所有文化，自盘古开天地，三皇五帝到如今；狭义上主要指汉武帝罢黜百家、独尊儒术以来的中国的儒释道文化，特别是宋明以降的程朱理学。中国传统文化实际上从汉武帝开始分为前后两个不同的阶段。传统文化是一个国家、民族在长期的社会实践中所积淀的物质文明和精神文明的文化遗产，也是民族特有的思维方式的精神体现。传统文化既有精华，也有糟粕，所以，对传统文化既不能一概否定，也不能全盘吸收，只有站在时代高度，通过实践检验。汲取精华，清除糟粕，才能正确地发挥作用。

二、中国传统文化的特点

任何民族的文化都有其生存的空气和土壤，有自己的载体和灵性；任何民族文化都有其生存和发展空间以及各自的特点。我国是一个历史悠久的文明古国，而且是一个多民族国家，中国传统文化由各民族的文化创造汇聚而成，这也就决定了我国的传统文化具有独特的特点。

（一）生命强盛不衰

在人类文明发展过程中，曾经出现了无数光辉灿烂的文明古国。然而，在众多文明之中，唯有中华文明能够绵延数千年不断，并长期走在世界文明的前列，这不能不被称为一大文化奇迹。促成这一奇迹的原因是多方面的：

首先，中国所处的特殊地理条件为中国人提供了相对隔绝的生存环境。在中国的北方是人迹罕至的沙漠荒原，西部、西南部是不可逾越的崇山峻岭，东部、东南部是浩瀚的大海。这样的地理环境就像一个巨大的摇篮，保护着中华文明很少受到异域文明的干扰和威胁，直到近代科学诞生以前，一直为中华文明的延续提供了客观的有利条件。

其次，中华文明具有强大的引领力和同化力。古代中国被周围各族视为"礼仪之邦""天朝上国"，一直是邻国所学习的榜样，诸如日本、朝鲜等国受中华文明的影响之深自是无需言表。虽然在历史上也曾出现过多次北方游牧民族武力入侵中原的现象，但从文化的角度上看，我们却发现"征服者被征服"。因为无论是南夷北狄交侵、五胡乱华、还是蒙古大军南下、满洲女真入关，最后都以这些民族自觉或不自觉地接受中原农耕文化，在文化上被同化而告终结。

再次，中华文明具有强大的融摄力。在中国文化发展的过程中，不断吸收和融汇周边匈奴、鲜卑、契丹、突厥等民族的文化，将其统摄、融合于中华文化的血脉中。其中佛教自印度传入中国，不仅未能改变中国故有的理论形态和文明走向，反而被中国文明所吸收、改造，变为中国式佛教，融入到中国的文化传统之中，更是生动地说明了这一点。英国著名历史学家汤因比曾说，"就中国来说，几千年来比世界任何民族都成功地把几亿民众，从政治文化上团结起来。他们显示出这种在政治上、文化上统一的本领，具有无与伦比的成功经验。"正是由于这种强大的融合力，才使中国文化不断地增添新的内容，生生不息。

最后，中华文化的自豪感直接造成了中华民族群体的向心力与归属感。在西周时期，中华先民便产生了"非我族类，其心必异"的文化心理特质上的自我确认观念。苏武牧羊、文天祥"不指南方不肯休"、土尔扈特回归…无不是中国文化强大向心力、凝聚力的证明。这种凝聚力，是中国文化强劲生命力的源泉和保证。

（二）人道重于天道

乐以成德、文以载道，以个人的道德完成与人际关系的普遍圆满为最高的追求，所表现出鲜明的重人文、重人伦的特色，深刻地影响了中国文化的走向。以至于唐代类书《文艺类聚》中所录四十六个"部"中，以自然为主题的只有天、地、山、水、木、兽、鸟等十六部，其余都是关于人和人的创造物的内容。与西方百科全书贯穿始终"以自然本身来说明自然"的哲学观点相比，中国文化对天道自然可谓漠然置之。

（三）追求稳定实际

与世界其他文化的传统节日起源于宗教不同，中国的传统节日绝大多数起源于农事。这是因为，中国文化的物质基础是自给自足的小农经济。几千年来，中国劳动人民"日出而作，日入而息"，世代从事农业生产，"重农"观念由来已久，深得人心。《周易》中有："不耕获，未富也。"商鞅更是把"尚农"作为富国强兵的基础，制定了"重农抑商"的政策，从而在经济上保障了秦国统一大业的顺利实施。之后的历朝历代也多将"重农"政策放于首位。

在这种浓厚的"重农"氛围中，几千年近乎凝滞不变的生态铸就了中国人注重实际稳定的文化心态，培养起了一种朴实厚重的"实用—经验理性"，一种务实的精神取向。从这个意义上可以称中国文化为"农耕文化"，一分耕耘一分收获，这种对农业生活经验的朴素总结已经内化为民族的思维定势和牢固心态，甚至深深地感染了文化精英们，"大人不华，君子务实"成为中国贤哲们一向标榜与倡导的生活态度与精神作风。

（四）重视整体协同

中国的社会构成是由家庭而家族，由家族而宗族，由宗族而社区，由社区而国家，形成并保持了一种"国家一体"的格局，宗法关系深深地渗透到社会生活的各个层面、文化的各个角度。在宗族内，每个人都不被看作独立的个体，而是被重重包围在宗法血缘的群体里。因此，群体的利益高于一切，每个人首先要考虑的，只是自己的特定角色所应承担的责任和义务：对宗族的、对整体的，从而自然的引申为对种族的、对社会的、对国家的责任和义务。这样就很容易在"人道亲亲"的基础上引申出关于社会、国家的所谓合理秩序。在这种秩序上，个人被置于从属的、被支配的地位。个人的一切服从于整体，这样才能把整个社会整合起来，统一起来。于是，在政治领域，倡言大同理想；在社会领域，强调个人、家庭与国家不可分，倡导"保家卫国"；在文化领域，提倡"持中贵和"；在军事领域，确定"统筹全局"的基本战略；在伦理领域，标榜"舍小家为大家"，必要时不惜牺牲个人和局部利益而维护整体利益，等等。所有这些，构成了中华民族集体至上的思维定式与共同心理特征。这种可以被称为"宗法集体主义"的观念对于维护国家的统一和民族团结,实是功不可没。

而将"重整体"的观念运用到实践上,就需要做到"协同"。要使庞大复杂的社会,无数心性相异的个人,凝聚为一个有机的整体,贯彻一种整体的秩序,就必须在价值取向、思维方式和心理结构等方面使人们普遍互相认同,具备高度协同的道德与精神素质,并使之外化为具体的协调性行为。作为中国文化之主体的儒家思想,从精神文化方面满足了这种需求。孔子曰:"和为贵。"孟子曰:"天时不如地利,地利不如人和。"《礼记》更是有:"和也者,天下之达道也。"这一个"和"字,其实包含了推己及人之忠恕之道、和而不同的君子风范、修齐治平的人生境界、民胞物与的豁达胸襟、天下一家的深厚情怀。这一个"和"字实在是中国文化协同思想的灵魂与核心。

(五)重于道轻于器

老子曰:"形而上者谓之道,形而下者谓之器。""道无常而无不为。""道生一、一生二、二生三,三生万物。"将世界分为"道""器"两部分,充分强调"道"在宇宙人生中的主体地位和主导作用。可见,中国传统文化这种重精神、轻物质的倾向十分突出。这种"重道轻器"的思想,还表现在义与利、名与身、主体与客体关系等方面。

中国传统文化源远流长,载籍丰富,蕴蓄着无尽的宝藏,是我们走向现代化所凭借的精神支柱。从不同的角度来看,中国传统文化又具有其鲜明的特色,对我国现代化的发展有着深远意义。

第一,从哲学思想来看,中国传统文化的主导是"入世"的,主张重视现实,力求改善现实,最终达到世界大同。

第二,从历史动力来看,中国传统文化十分重视人及人的作用,"子不语怪力乱神",具有鲜明的反迷信色彩。

第三,从运作方法来看,中国传统文化提倡百家争鸣,兼收并蓄,不拘一格,颇具开放性。

第四,从功利目的来看,中国传统文化重视群体利益和长远战略利益。第五,从生存条件来看,中国传统文化具有超时空的广泛适应性和强大的凝聚力。

以上所述足以证明中国传统文化的博大精深。

古往今来,中国传统文化不知孕育了多少政治家、思想家、军事家、文学家、艺术家、实业家……有多少杰出的炎黄子孙受到它的熏陶。与此同时,中华儿女们又不断地浓墨重彩,为其增添辉煌。毛泽东主席曾经说过:"今天的中国是历史的中国的一个发展;我们是马克思主义的历史唯物主义者,我们不应当割断历史。从孔夫子到孙中山,我们应当给以总结，继承这一份遗产。这对于指导当前的伟大运动，是有重要的帮助的"。中国传统文化的精髓尤如长江、黄河，是智慧和力量的源泉。今天，从个人修养到精神文明建设，如果割断历史，抛弃传统文化，便无异于离开我们脚下的黄土。作为现代人，不了解中华传统文化的精髓，不仅是知识结构方面的一个缺陷，也难以在现代社会中得到更大的发展。我们坚信，只要打开传统文化这座宝库的大门，人们就一定会被它的魅力所吸引，被它的伟力所震撼。

三、中国传统文化的内涵

中华民族自古以来就是多民族融合汇聚、共同创造、不断发展的文化共同体。中华民族文化博大精深、源远流长，在世界大河文明中是唯一赓续绵延数千年，至今不衰的民族文化。中华民族的优秀传统文化积蕴是其强大的生命力和民族凝聚力，表现为独具的民族文化特征，也蕴涵着丰富的内涵，主要体现在下面六方面。

（一）自强不息的奋斗精神

中国文化历来关注现实人生，孔子说过"未知生，焉知死"，并说"天行健，君子以自强不息"。正是这种人世的人生哲学，培育了中华民族敢于向一切自然与社会的危害和不平进行顽强抗争的精神。中国人自古以来就强调人生幸福靠自己去创造。要实现现代化，这种自信自尊的精神是必不可少的。

（二）知行合一观

中国儒家文化所讲的"力行近于仁"，在一定程度上体现了"行重知轻"的认识论思想，这与实践品格具有某种一致性。实践是认识的源泉。实现现代化，要努力学习外国的先进的东西，但更重要的是自己的社会主义实践。

（三）重视人的精神生活

中国传统文化非常重视人的内在修养与精神世界，鄙视那种贪婪与粗俗的物欲。孟子提出"充实之谓美"，并认为"富贵不能淫，贫贱不能移，威武不能屈"，这是对人格的根本要求，这种传统美德，对现代人格的塑造，也是非常可贵的。

（四）有爱国主义精神

爱国主义，就是千百年来巩固起来的对自己祖国的一种最深厚的感情，爱国主义，是我们中华民族的优良传统。古人云："天下兴亡，匹夫有责。"在今天，一个国家只有走上现代化，国家才会繁荣富强。而实现现代化，必须依靠全国人民团结一致，共同奋斗。

（五）追求真理，勇于奉献的精神

中国传统文化蔑视那种贪生怕死，忘恩负义、追逐名利的小人。古人在谈到对真理的追求时，认为"朝闻道，夕死可矣"。宣扬"路漫漫其修远兮，吾将上下而求索"的精神。这种对真理执着、献身精神是推动现代化的强大动力。

（六）团结互助，尊老爱幼的伦理规范

古人说："老吾老以及人之老，幼吾幼以及人之幼。"一个社会只有严于律己，宽以待人，形成团结互助，尊老爱幼的社会风气，才能充满温馨与和谐，并能给人带来希望与力量。上述种种仅是中华传统文化精华的一部分，仅此就足以体现中国传统文化的博大精深。罗素曾说过，"中国文化的长处在于合理的人生观"，这是对中国文化的一种深刻认识和概括。

中国传统文化是中华文明演化而汇集成的一种反映民族特质和风貌的民族文化，是民族历史上各种思想文化、观念形态的总体表征，是中华民族世世代代的传承发展，具有鲜明的民族特色、历史悠久、博大精深。但是，在现代化高速发展的今天，中国传统文化也面临一些挑战，如何增强传统文化的吸引力，去其糟粕、取其精华，如何更好地推广和发展传统文化，是我们必须面对的课题。

四、中国传统文化的发展

（一）理性认知中国传统文化

首先，要以文化自信的态度继承传统文化的精髓。任何一种文明的演进与发展都离不开文化传承，作为有着五千年文明史的中华民族，祖先给我们留下了宝贵的精神财富，为我们提供了安身立命的思想家园，任何一个中国人都应该有民族自豪感。传统是过去的，也是现在和未来的，我们应反对有些人在文化上的去民族化行为，我们不能因为田园牧歌式的农业文明遭到以大机器为代表的工业文明的冲击，就失去民族自信心，缺少甚至放弃了对民族文化的坚守。我们应立足实际，发现并挖掘传统文化的精髓，找到切入点实现传统文化与现代文化的对接，为中华文明的伟大复兴贡献自己的力量。

其次，要以文化自觉的态度实现传统文化的新生。文化自觉，包含着对于先进文化的自觉追求、自觉建设、自信宣扬、自信扩展，而不是像有些地方在口口声声"传承文化"的同时，表现出粗俗的急功近利和对于文化的无知与粗暴，他们只是在作浅薄的表面文章，只知道用文化吸引旅游，用文化招商引资，用文化包装"成绩"。这不仅不是文化自觉，更像是文化的自吹自擂，他们没有意识到传统文化对人内在修养的价值引导意义，这种形

式主义也根本无法复兴传统文化。以文化自觉的态度实现传统文化的新生，不能仅仅依赖于传统，更要为传统文化做"新嫁衣"，让其在新的环境下散发光彩。

（二）丰富传统文化的内涵

首先，要以传统孝道文化调和家庭伦理关系。中国传统文化的道德力量强大，以儒家伦理道德为主体思想，其核心是提倡"仁、义、理、智、信"，具体阐释为父子有亲、君臣有义、夫妇有别、长幼有序、朋友有信。儒家伦理道德以孝道文化为精髓，可以挖掘其文化"软资源"，促进目前社会上存在的空巢老人无人赡养，留守儿童无人照顾，因利益分配不均亲人反目等问题的解决。无论时代如何变迁，中国传统的孝道文化都不会过时，但要注意强调孝道并不是提倡盲目的愚孝。

其次，要以"内圣外王"要求提高公民素养。中国传统文化中的家国情怀令世人赞叹，无论是"修身齐家治国平天下"，还是"穷则养身，达则兼济天下"的家国情怀，都胸怀天下，把"为天地立心，为生民立命，为往圣继绝学，为万世开太平"作为自己的不解追求。今天有些国人目光狭隘，还在计较蝇头小利，我们并不需要所有人都仰望星空，但要有人能够成为民族的脊梁，关心民族精神的未来走向。作为芸芸众生，我们不求人人出仕去治理国家，儒家的"内圣外王"也不是要求每个人都出仕，它的最高境界是每个人都修身养性，提高自身素质，成为整个社会的文明因子。作为活在当下的人就要吸收这种文化的养料，内化自己的社会责任感，有担当意识。

再次，要以和而不同的理念实现价值观念多样化与一元化的统一。当今社会利益多元化，社会文化价值取向多元化，我们不能简单地对文化价值取向做好与坏的评价，要尊重每一个社会个体的信仰需求，同时更要增强社会主义核心价值体系的凝聚力。中华文明历来重视"和而不同"，"和"不是没有原则的折中，而是正确看待事物之间的共性和差异性，实现"多"与"一"的统一。这种统一不是简单的堆砌，而是不同事物的有机结合。这种理念对于应对复杂多元的社会现实提供了理论思考，构建社会主义先进文化就要使社会主义核心价值体系不断吸收社会各阶层价值观的有益因子，增强吸引力、凝聚力，坚持社会主义意识形态的一元化，维护文化安全。

（三）建构传统文化的传播载体

首先，做好主流大众媒体的舆论引导。大众传媒对于中国传统文化的传播具有"工具性"或"载体性"作用，但是目前有些大众传媒对娱乐文化如相亲节目比较热衷，相对减少了对介绍中国传统文化的节目的热情。大众传媒应该对大众价值观进行积极的引导，国家新闻出版广电总局已经发出"限娱令"，意在对大众传媒进行行为的约束引导，使其不能只追求商业价值，还必须担负社会公益性责任。我们中国传统文化中的价值资源非常丰富，应该充分利用。

其次，创新传统经典作品大众化解读方式。现在能够精心阅读的人越来越少，一些人被网络文化、商业文化、快餐文化所左右，变得越来越浮躁，这就需要名家为大众担当起传统文化引路人角色，在解读方式上大众化、通俗化、贴近人的日常生活才有说服力和吸引力。

再次，发挥网络文化中意见领袖的作用，促进大众对传统文化的反思。中国的网民数量居世界第一，网络成为人们交往过程中必不可少的工具，我们必须占领网络阵地，使其为传统文化的传播发挥应有的作用。应该重视网络中意见领袖的作用，意见领袖能够主导大众的思维。一些国学大家利用网络微博等方式对传统文化和当代文化的结合点进行了论述，见解独特新颖，对大众产生了很强的吸引力。我们应该充分利用网络平台方便快捷的特点，发挥网络意见领袖的作用，鼓励更多的人参与到传统文化的改造和传播中来，鼓励更多的学者发出不同声音，这样不仅有利于我们反思传统文化，而且本身就是一种隐性教育，是一种潜移默化的文化熏陶。

4. 实施中国传统文化走出去战略

首先，实现传统文化与现代文化的对接、转化、新生。在全球化背景下，任何一种文明都不可能通过故步自封达到保全自身的目的。要想使这种文明或文化不被淹没，就必须以开放的姿态走出国门，这是增强我国国际影响力的必要之举。传统文化经过了与现代文化的对接转化新生之后，要在国际文化交流合作的舞台上发出自己强有力的声音，让其他国家了解真实的中国。面对西方文化的渗透，我们不能坐以待毙，只能通过自身的"修炼"丰富自己的文化内涵。当这些准备好了之后，我们就要以开放的胸怀走出去，把我们的价值观念外化为实践。

其次，在全球文化背景下打造中华文化品牌。中国传统文化走向国际，要有自己的文化品牌，这样才能提升自己的国际影响力。目前孔子已经成为中国文化在世界上的文化名片，孔子学院在世界各地开花，大有与歌德学院相媲美的趋势。我们应该使中国优秀传统文化伴随着诗歌、戏剧、曲艺、武术、书籍、书法、绘画、工艺、服饰、礼仪、中医、饮食、民俗文化等的发展走向世界，这些都可以成为传统文化的品牌。但我们不能仅仅简单地用戏曲、武术、书法等来阐释中国文化的博大精深。我们不能仅靠既存的传统，还必须靠传统的新生。再者，中国悠悠文明不止诞生了孔子一位思想家，还有老子、韩非子等，他们的思想精华对现代治理依然有益。中国传统文化品牌应百花齐放，消除外国人"窥奇式的心态"，使其了解中国人骨子里的真正的文化气质。

第二节　中国传统文化元素界定及其表现

在日益国际化、全球化的今天，民族传统文化的重要性正逐渐凸显，特别是在包装设计领域中，对民族传统文化元素的运用成了区别性设计的表现手法。包装设计在实现产品保护、促进销售等功能的同时，还担负着设计文化的创造和传播的重任。

一、中国传统文化元素概述

中国传统文化元素主要是指在中华民族长期的发展过程中逐渐形成的，如书法、篆刻、印章、刺绣、陶瓷、风筝、剪纸、筷子、道教、儒教等具有中国特质的一切物质与精神文化成果，它凝聚和反映了中华民族的文化精神。中国传统的文化元素具有以下特点。

（一）多样性

中国传统文化元素形式多样，既包括物质的层面，也包括精神的层面。物质层面包括如书法、篆刻、印章、陶瓷等表现为物质形态的东西，精神层面的包括中华民族在漫长的历史时期所形成的思想意识、道德观念、价值体系、民俗习惯等。

（二）历史性

中国传统文化元素是在长期的历史演变过程中逐渐形成的，是中华民族在认识自然和改造自然的实践中智慧的积累，具有一以贯之的脉络，体现着独特并富有魅力的民族传统和精神，因而具有明显的历史性。

（三）发展性

中国传统文化元素是中国传统文化的具体体现，是中华民族的宝贵财富，其内涵丰富，是其他任何艺术形式都难以替代的。但是，中国传统文化元素在保持其稳定性的同时，随着时代的发展，被赋予了一些新的内涵，使其更富有时代的特色，从而得以传承和发展。

中国传统文化源远流长，内容博大精深，一切中国传统文化元素皆可用于包装艺术设计当中。书法的洒脱大气，水墨画的清新淡雅，传统纹样的匀称韵律等，都已成为了许多钟情于中国传统文化的设计师在包装设计中运用的经典元素。但在运用传统文化元素时，设计者必须在充分理解传统文化的基础上，对其进行提取、归纳，形成具有丰富内涵的视觉符号、图形图案，最终与产品巧妙地结合。然而，当今的许多包装设计，为了实现差异化，试图借助传统文化元素的运用来摆脱庸俗之感，提高艺术设计境界，却陷入了将许多传统文化元素简单地、表面化地拼凑在一起的误区。许多设计者在利用传统文化元素进行包装设计时，只是简单地提取传统纹样图案的局部，或仅仅对传统文化元素进行简单的模仿和挪取，并未将所运用的传统文化元素的深层内涵与产品本身的特征有机融合。成功应用中国传统文化元素进行包装设计，对传统文化元素进行合理恰当的提炼和整合，必须建立在对其充分认同和理解的基础之上，不仅要取其形，更要延其意、传其神，使产品包装既具有传统文化的神韵，又具有现代设计的韵味。

二、中国传统文化元素的应用表现

（一）中国传统吉祥色彩的应用表现

色彩是因光的反射和折射而产生的科学现象，但对于人类而言，却是一种视知觉现象。人们根据其所处的社会生活环境、长期积累的文化知识、视觉经验等对色彩产生丰富的心理感受，而不同的色彩会给人带来不一样的感受。不同的性别、年龄、民族和国家的人对于色彩含义的理解也相同，人们因自己的生活环境、文化素养、宗教信仰等的不同在生理和心理上对色彩产生不同的感知和联想。

在中国，颜色有着丰富的文化内涵。东汉经学家刘熙所著《释名》（卷四）中就有记载："青，生也，象物生时之色也。赤，赫也，太阳之色也。黄，晃也，晃晃日光之色也。白，启也，如冰启时之色也。黑，晦也，如晦瞑之色也。"人们从自然物象的百色中发现了青、赤、黄、白、黑这五种基本色相，并认为这五色与人们的生产、生活有着密切的关系，遂称此五色为"正色"，并赋予了其相应的意义。因此设计师可利用色彩的丰富内涵和强烈的感染力进行设计与创作。

红色在中国代表着喜庆和激情，被称为中国红。中国红因其鲜艳的色泽、吉祥的寓意被广泛地应用在生活的方方面面，如：肚兜、印章、本命年腰带、灯笼、春联等，红色深受中国人的喜爱，表达了中国人热情、朴实、向往美好生活的民族心理。通常情况下，人们对暖色系的颜色要比对冷色系的颜色记忆更持久，对高纯度的色彩比复杂的色彩印象更深刻。而红色正属于暖色系，具有很高的纯度与显眼的色泽，因此在设计中可结合产品形象将红色运用在包装的整体或局部，达到以色夺人、吸引消费者、促进销售的目的。比如瑞年氨基酸口服液的包装设计就主要运用了红、黄两个暖色系，设计师充分考虑了产品用户群一老年人的生理和心理特征，因为明快强烈的色彩能给他们带来愉快、温暖的感受，所以在设计中运用这种色彩可满足老年人的情感诉求。此外，由于红色为中华民族的喜庆色，黄色为"帝王之色"，同时又象征着光明，在中国人心中具有尊贵的地位，因此，这款产品的包装设计融入了中国传统的喜庆和皇权色系元素，是一个成功运用传统色彩的经典包装案例。色彩是使产品脱颖而出的重要手段，是打开消费者心灵深处的钥匙。因此，设计师不仅要准确理解各种色彩的丰富含义和视知觉感受，还要把握好产品属性与包装色彩的关系，才能将色彩的运用与产品形象、设计构图等有机结合，才能凸显色彩的个性与情感，从而对消费者产生积极的心理作用。

（二）陶瓷艺术的应用表现

早在新石器时代，中国古人就开始制作陶器，用来盛水和储存食物，陶器的运用已经具备了包装的一些基本功能，可以说是最早的包装容器。随着青铜器、纸、瓷器等的出现，这些材料也被陆续作为物品的包装进行使用。在封建社会后期，我国经济、科技长期处于落后状态，包装技术与理念也没有得到发展，在这样的背景下，包装的风格以实用为主，力求简单、经济，陶瓷更多的是作为一种艺术品而存在。如最具代表性的青花瓷器，起始于元代，兴盛于明、清两代，其装饰纹样十分丰富，常见的有石榴、缠枝牡丹、回纹、仕女戏婴、八仙过海等，这些纹样都有着平安、吉祥的寓意。这些吉祥纹样加上清丽的青蓝色调和细致的描绘，构成了青花瓷清新淡雅又不失高贵的风格，给人以丰富但不烦琐、简洁却不简单的视觉感受。

（三）中国传统吉祥纹样的应用表现

中国传统的图案与纹样有许多是伴随着对大自然的膜拜、对神灵的祭祀而产生的，常以各种不同的形式出现在家具、器物、服装等的装饰设计中。这些图案与纹样大多整体轮廓简洁明了，其空间结构多呈圆形、扇形、菱形，图形内部饱满丰富，往往通过对称、重复等手法进行设计，从而使图案与纹样表现出秩序感和韵律感。传统图形本身就具有一定的视觉传播功能，譬如民间剪纸，采用寓意或谐音来传达人们的主观情感和审美情趣。因此，这些图案与纹样不仅装饰了物品，使其外观美丽，而且还反映了古人的一种人生观、文化观。

对于传统纹样图案的运用不能仅仅局限于对其形式的模仿和套用，忽略产品理念与形象的传达，而是要将传统图案转化为新的视觉形式，从而使产品和包装设计形成一个由内而外的有机整体。在对传统图案与纹样的运用探索中，可进行新的创新组合，这样往往可以产生出人意料的效果。将传统纹样与现代产品相结合,赋予传统图案与纹样以新的色彩,或对传统图案与纹样进行解构,给人以焕然一新的感受。

该包装采用天然材质作为内包装,采用印有牡丹花且具有中国传统特色的织锦作为外包装,其整体造型类似中国传统包裹的形式,显得既传统又现代,既古朴又华丽。牡丹素有"百花之王"之称,在中国的传统文化中,娇媚的牡丹象征着富贵,因此,自古至今备受人们的青睐,用以寄托人们对美好生活的向往之情。而织锦与牡丹纹饰相结合,则蕴含着"锦上添花""喜事连连""好事成双"等美好寓意,因此,以此作为喜糖的包装表达了对新人的祝福。织锦、牡丹等吉祥纹饰与喜糖产品相融合,不仅使包装成为文化的载体,还延伸了中国传统文化的内涵。

(四)雕刻艺术的应用表现

雕刻是中华民族一门古老的技艺,如牙雕、木雕、根雕、石雕等在中国都有着悠久的历史,它是中国工艺美术中珍贵的艺术遗产,广泛地流传于民间,具有浓厚的乡土气息。雕刻与包装造型设计同属于立体的造型艺术,因此两者有着千丝万缕的联系。与雕刻艺术一样,现代包装设计在注重视觉美观的同时也非常注重触觉上、空间上的感受。

随着人们精神和审美要求的不断提高,包装造型设计也由具象转向了抽象,那些具有雕刻美感的包装产品备受青睐。雕刻艺术中所特有的凹凸感、雕镂感、空间感使得包装造型变得更加丰富与立体,更具层次感和光影感,更富有变化性和趣味性。雕刻可赋予包装丰富的表现力和艺术感染力,给人以无尽的想象空间。雕刻造型可用于包装造型的整体或局部,通过点线面的变化充分表现出造型的美感,给人以触觉感和视觉质感,使包装显得更加华丽、典雅。例如获得第三十届"莫比"包装设计奖和最高成就奖的中国四川白酒"水井坊"的包装设计。该款包装的内部设计分为瓶身和基座两个部分,酒瓶基座为木质结构,以青花瓷片为内底,可做烟灰缸使用,整体造型宛如一个雕刻而成的玉玺,显得典雅高贵;瓶身整体通透,底部凹凸,折射出基座内底的纹样,尽显白酒的品质。从整体上看,该设计结合了视觉、嗅觉与味觉的感官美学理念,是传统雕刻艺术与现代文明的经典结合。

(五)中国元素与家具设计

从古至今,家具始终是人们日常生活必不可少的,与人的关系最为密切、融实用功能和装饰功能于一体的器物,体现着工匠的设计法则,包容着一个时代的社会生活方式、审美情趣和文化心理。中国传统家具是一个大的系统,其中蕴含宝贵的设计资源。在漫长的历史演进中,中国传统家具不断完善其服务于人的使用价值,同时还在特定环境里形成了不同的艺术风格,各地的工匠们根据当地的气候、文化、材料进行设计,充满了设计的法则。

然而，当代中国的家具设计却不容乐观，单纯模仿国外家具的作品和古代家具的仿制品比比皆是，而很少有既具民族特色，又富现代气息的作品问世。因此探索一条适合中国本土特色的家具设计路径，已成为设计师的重大责任。

中国传统家具历史悠久，在各个历史时期都形成了独特的家具工艺和辉煌的历史成就。中国传统家具的发展主要经历了席地而坐的矮型家具时期、高矮型家具并存的过渡时期和垂足而坐的高型家具时期。

在特定历史条件和特殊文化背景中形成的明式家具，由于文人士大夫的参与，家具被提升到一个更高的文化精神领域，表现出卓越的成就和艺术特色。王世襄曾用"品"来评价明式家具的特点，得十六品，曰"简练、淳朴、厚拙、凝重、雄伟、圆浑、沉穆、浓华、文绮、妍秀、劲挺、柔婉、空灵、玲珑、典雅、清新。"工艺美术家田自秉用"简、厚、精、雅"四个字来概括明式家具的艺术特色。简，是指它的造型洗练，比例适宜，简洁利落；厚，是指它形象浑厚，具庄严质朴的效果；精，是指它做工精巧，曲直转折，严谨准确；雅，是指它风格典雅，不落俗套，具有很高的艺术格调。现代学者杨耀说，明式家具有很明显的特征，一点是由结构而成立的式样，另一点是因配合肢体而演出的权衡。从这两点着眼，虽然它们的种类千变万化，而归综起来，它始终维持着不太动摇的格调，那就是简洁、合度。但在简洁的形态之中，具有雅的韵味，表现在外形轮廓的舒畅与忠实，各部线条的雄劲而流利，加上它顾全到人体形态的环境，为使处处得到适用的功能，而做成随意的比例和曲度。上面这些精辟的论述对明式家具神态、装饰、构件、结构作出了中肯的评价。

由于中国国土广阔，地理环境复杂，文化差异较大，除了在年代上表现出不同的风格特征外，在地域上也形成了不同的地域风格。其中，京式家具、苏式家具、广式家具和宁式家具一直被认为是中国明清时期传统地域性家具的代表。京式家具的"皇家气派"、苏式家具的"文人气息"、广式家具的"厚重华丽"、宁式家具的"光润精巧"，共同构成了中国传统家具的丰富内涵。

中国传统家具受中国古代优秀文化的影响和熏陶，在审美观念和表现形式上，都显示出了特定历史时期的民族文化与社会的意识形态。从神秘威严的商周青铜家具，到写实精练的秦汉漆木家具；从丰满华丽的大唐壸门结构，到典雅柔美的宋代框架结构；从简练秀丽的明式风格，到烦琐富丽的清朝家具，这一恢宏的演变过程，与特定时代的审美观念密不可分。

（六）中国元素与生活器物设计

中国传统生活器物文化博大精深，是由我们的先民一代一代延续发展而来的，是先民的宗教规范、伦理道德、生活习俗、生活质量等的集中反映，因此她们具有很强的传统文化特征。其与古人生活贴切、融洽、和谐，而这些，正是中国现代产品所缺乏的。器物文化代表一个国家的历史和文化发展水平。中国传统器物中的环保意识、社会意识、人性化设计、意境美、仿生设计、简约实用等设计法则都对现代产品设计具有良好的借鉴作用。

器物，指所有为人所用的人造物，多指容器、食器、饰物、家具等生活用品。中国传统器物是一个非常宽泛的称谓。从时间上说，可以从上古延续到近现代；从门类上讲，则包含了与衣、食、住、行、用相关的所有器物。它们是古人改造物质生活实践的产物，以满足使用功能为目的，将审美形式与实用功能结合起来而产生的形式。器物蕴含着历史的文化，并受到文化的影响和支配，作为精神的物质载体，反映了特定时期的人类生活方式、技术条件、审美取向、价值观念等。

在中国的器物文化里，很少是以纯功能存在的。即使起初是从功能出发的，也会在后来的使用过程中融入特定的文化，从而扩展了这种器物的内涵。这种带有文化的器物，一般会受到文化延续性的影响，具有比功能更长的生命力。

不同器物由于材料、形式、所处环境的不同，表达的审美取向、蕴含的文化特征也各自不同，但它们都富有鲜明的中国特色，承载着绚丽多彩、博大精深的中国传统文化的精髓。

社会意识是指社会的精神生产过程对社会存在的反映，包括人们的政治、法律思想、道德、艺术、宗教、科学和哲学等意识形态及感情、风俗习惯等社会心理。简而言之，即人们对社会、外部世界的认识，人的思维状态的集合。随着人们造物水平的提高，人们对"物"的要求也必将增多，除了具有延伸肢体功能的作用外，还要倾注一些人生观、世界观、价值观。传统器物的造物原则在很大程度上受到封建礼制、古人的认知水平、统治阶级的专政意识的影响，成为树立礼仪规范、维护统治阶级利益的道具。正是因为器物设计中寄予了某些社会意识，通过人们世代的流传，才使器物成为彰显传统文化的媒介，而器物自身也因此越发具有魅力了。

在现代产品设计中，可以适当地在一些产品中融入一些传统的认识观念，以提升产品的文化气质。如由浙江大学一品物流产品创新团队设计的"阳光的味道"，在伊莱克斯"2020年家的构想"国际设计大赛中获奖。在这个洗衣机中，人造太阳在下午三点可以放射出与真实太阳同频率的光线，从而将衣物烘干。利用天圆地方的传统宇宙观，将洗衣机的上端设计为圆形，下端设计为方形，就像一个小的宇宙系统，太阳运行其中。将现代技术与传统认识观有机地结合在一起，使产品既符合高科技的现代生活，又富有传统文化的独特内涵，给人留下深刻的印象。这一案例的成功，以雄辩的事实证明，在现代产品中融入社会意识是可行的，而且是非常有价值的。

在现代设计中，人性化设计的定义是以人为中心的，满足人的生理和心理需要、物质和精神需要。营造舒适、高雅的居住空间，使人们享受空间的使用趣味和快感，人性得以充分的释放与满足。人的心理更加健康、情感更加丰富、人性更加完善，达到人物和谐。人性化设计是产品设计中比较高的境界，它不仅要求产品实现应有的功能，而且要求在产品与人的交流中，人的身体和精神得到愉悦。

人性化一词对于现代产品设计并不陌生。随着社会经济的发展，人类需要阶梯上升的内在要求以及对于设计理性化的反思。在产品设计中人的舒适性逐渐成为衡量设计水平的标准之一，"以人为本"几乎成了人们的口头禅。但是，放眼我们周围，可以发现一些产品并没有做到以人为本，特别是没有以"中国人"为本，产品的设计不符合我们中国人特有的生活习惯、生活方式，不符合中国国情。这也与中国产品设计界一些浮躁、不务实、一味崇外的不良心态有关。与之形成鲜明对比的是，传统器物中很多设计闪现着对人细致入微的关怀，正是因为对中国人生活方式、生活细节的熟悉，了解人们的潜在需求，才能设计出如此令人中意的器物，有效解决了生活中的"不舒适"，凸现了传统造物观对人性的真正关怀。

设计源于生活，源于生活中存在的问题，着眼于问题的设计，才是人们真正需要的，这样的设计具有更长久的生命力，正如人们常说的，作家需要体验生活，才能写出真实的生活，并深入地把握生活的本质。对于设计师也是如此，只有亲自体验所设计物品的使用过程，斟酌其使用的舒适度，发现其中的问题，不断地加以改进，删除一切不必要的、不舒适的，才能设计出大方、简洁、实用的产品。

（七）中国元素与文具设计

中国文具发展历史源远流长，可惜时至今日，在中国这个文具大市场上，有80%的文具产品是仿制品（大多仿制韩日等国的产品），或是加工别人的产品。当代中国文具无论从造型、材料还是使用等方面都很难看到本土文具文化的继承与发扬，更多的是呈现出对西方文具的妥协以及被西方文具文化侵蚀的现象。中国文具要增强在国际上的竞争力，重要的是体现我国传统文化的特色，将传统文化合理、巧妙地运用到中国的文具创新设计中，为我国的文具打上"中国特色"的烙印。

在我国的传统文具中，最具典型代表的是"文房四宝"。"文房"之名，起于我国南北朝时期（公元420~589年），专指文人书房。笔、墨、纸、砚为"文房"所使用，因而被人们誉为"文房四宝"。"文房四宝"之名最早见于北宋梅尧臣《九月六日登舟再和潘欺州纸砚》："文房四宝"出二郡，迩来赏爱君与予。宋时已无郡制，郡是对州的旧称。这里的"二郡"：一是歙州，二是宣州，属北宋的江南路。歙州主产纸、墨、砚，宣州主产纸、笔。

"文房四宝"不仅具有实用价值，也是融绘画、书法、雕刻、装饰等各种艺术为一体的艺术品。在翰墨飘香的中国传统文化中，"文房四宝"总是同文人士大夫的书斋生涯相关联的，是文人雅士挥毫泼墨、行文作画必不可少的工具。古人有"笔砚精良，人生一乐"之说，精美的"文房"用具在中国古代文人眼中，不只是实用的工具，更是精神上的良伴。

在漫长的历史岁月中，中国传统文具的发展也就是笔、墨、纸、砚的发明及运用。它们不仅象征着中国的传统文化，在世界文化方面上也创造了辉煌的历史文明，从最初单一的使用功能发展到兼具艺术价值，无数精美绝伦的文房用具，为世人留下了丰富而厚重的优秀文化遗产。

设计多功能化。产品的功用常常是复合的，而产品的用途本身就具有"模糊性"。运用人性化的设计使得多功能化的文具设计成为一种顺应发展的产物。同时，电脑网络技术的发展，传统的办公和学习方式发生了新的变革，多功能化的趋势也与之相适应。

简洁实用化。简洁几乎是产品设计永远的风格之一。好的设计不是简单甚至粗糙，而是融入体贴的人性化设计、考虑周到的细节设计之后，抛弃纯粹以增加附加价值为目的的外观造型后的设计。

高档礼品化。文具用品多元化、多层次的消费结构已经形成，尤其是办公文具市场的迅速壮大和人们生活水平的提高，文具也就有了向高档产品发展的需求。

玩具娱乐化。根据学生好奇、贪玩心理产生的玩具娱乐化设计愈发明显，其设计较多运用了卡通造型和图片等。但过度的修饰不利于儿童和青少年的学习、生活，甚至影响到他们心理健康发展，这一倾向值得人们警惕。

情趣化。情趣一词，情是指情感、情调；趣是指趣味、乐趣。情感是多方面的，有喜悦、有悲伤、有喜爱、有讨厌等。而情趣是指情感中较为积极的一面，就如同一个人具有幽默诙谐的性格。产品的情趣化设计，即是通过产品的设计来表现某种特定的情趣，使产品富有情感色彩。它往往通过拟人、夸张、排列组合等手法将一些自然形态再现，从而给人以新的心理感受。

产品的人性化。将人体工程学、设计心理学等研究成果运用到产品设计中，很大程度上满足了人们物理层次的需要（舒适感）和心理层次的需要（亲和感）。例如韩国设计的磁性回形针收集器是由磁性金属球制成的，很有质感，加工精致，回形针完全靠磁力吸附在球形基座上。这一有趣文具，让人们在办公累了的时候得以缓解紧绷的神经。

情感化设计是人性化设计的一个核心内容，是以人为本而展开的设计思考与设计方向，注重提升人的价值，尊重人的自然需求与社会需求。情感化设计是人与物及环境相和谐的结合，是一种人文理念与精神需求的体现。当代社会物质生产极其丰富，生活节奏日益加快，人们在产品基本使用需求得到满足的情况下，更关心情感上的需求与精神上的慰藉。情感化设计改变了以往大众对于产品仅仅要求满足简单使用功能的局限性认知，向关怀和满足人的情感和心理需求方向发展，在使用者与产品的技术功能之间寻找一个平衡点，缓解人们对于产品消费功能需求选择的麻木，使人能在产品消费的选择中找到能满足自己情感需求的、适合自己的、美好的基于情感化设计的产品。

绿色设计不仅是一种技术层面上的考量，更重要的是一种观念上的变革。人们对环境、生态恶化及面对全球化背景下的市场竞争时，需要注意到经济生态代价问题，只有可持续的发展才是真正的进步和真正的价值提升。

现今，大多数文具都是中国制造，而并非中国设计。中国的文具设计往往都依附于国外文具设计的模式，在造型、材料、工艺上照抄照搬。中国文具设计已经缺失了本土设计元素，中国的消费者正在被动地消费西方文具设计，几千年遗传下来的中国文具文化正在慢慢消失。

中国的文具设计要谋求发展，除了造型创新外，更重要的是体现我国传统文化的特色。大量的实践证明，只有民族的才是世界的。将传统文化合理巧妙地运用到我国的文具创新设计中，不仅可以为文具打上"中国特色"的烙印，而且还能增强我国文具在国际市场上的竞争力。文具设计早已摒弃了过去直板的造型和简单的界面，越来越多地追求装饰化和艺术化，寻求一种美感和个性化的风格，这使得文具不再是简单而又普通的产品。

中国的传统工艺技艺包罗万象，这一点可以从中国丰富的传统文化中发现。将中国的传统工艺、技艺运用到文具的设计中，是对中国传统文化的传承和延伸。

在文具组合和打开方式上可以效仿家具中榫头的拼接方式。中国古代木建筑结构"叠梁式"和"穿斗式"，在文具的拼接方式上也多有效仿，尤其是仿效插销、闷榫、半榫的拼接形式较多。这种形式的文具在组合上既简单又牢固。

中国消费者对于竹、木、陶瓷等材料的熟悉感和亲切感，也是中国元素在文具设计中的体现方式。目前，将陶瓷的加工技艺运用到制笔上也是一种很好地将中国元素与文具设计结合的典范。这种中国红瓷笔采用纯红釉加陶瓷烧制而成，中国红瓷有深厚的传统文化（包括湖湘文化）、陶瓷文化，阳刚之美和阴柔之美的和谐统一，从古老传统观点看，红瓷是金、木、水、火、土五行完美融合。文具设计中加入传统工艺，秉承了"古文化，现代品"，将华夏五千年的历史文明融入到时尚的现代生活，以现代的视觉理念全新阐释中国元素。

中国文具的发展要想谋求一席之地，必须要从本土文化入手，设计出具有中国特色的文具，在文具中体现出中国文化与艺术的完美结合。这里所说的文具设计的创新与传统元素的运用并不是说基于表象的简单的纹样、图形的叠加，而是应该真正地了解我们的传统、热爱我们的文化，在设计的过程中衍其"形"、传其"神"、会其"意"，真正做出有"中国味"的设计。

（八）中国元素与公共设施设计

城市公共设施被称为"城市家具"，是现代城市环境中的重要元素。它服务于城市，又影响着城市的机能和形象；它服务于城市人，又影响着城市人的工作和生活。城市的发展和城市人思想的不断进步是公共设施持续更新的根本动力，创建科学的、完善的、美观的、人性化的设施环境是其更新与发展的理想目标。

公共设施是由政府或者其他社会组织提供的，属于社会公众享用或使用的公共建筑或者设备。换言之，公共设施是政府提供的公共产品。从社会学来讲，公共设施是满足人们公共需求（如便利、安全、参与）和公共空间选择的设施，如公共行政设施、公共信息设施、公共卫生设施、公共体育设施、公共文化设施、公共交通设施、公共教育设施等。

一些具有悠久历史文化的城市与一些现代化的大都市都具有完备的公共设施。比如，我国故宫太和殿前的定时器功能的日晷，象征德国统一的勃兰登堡门，具有城市象征与观赏景观意义的法国埃菲尔铁塔，可以给家人带来欢乐的美国迪斯尼乐园，以及大型商场或者购物中心摆放的饮水机，城市中方便大众的公用电话亭等，通过这些大大小小的城市公共设施，人们可以明显地感觉到城市的发展和文明程度。

公共设施作为文化的载体，它记录了历史，传承了文化。不同的生活方式体现着不同的地域文化，并表现为人们不同的生活习惯。公共设施设计具有强烈的"场所感"，即具有明确的环境属性。一个区域的公共设施应该与该区域的文化特质保持一致，不同区域的公共设施应努力体现各自区域的文化脉络上的差别。如北京作为我国政治和文化的中心，北京的南锣鼓巷是北京东城区的一条很古老的街道，整个街道不宽，仍保持着元大都街道巷、胡同的规划。这里也依然保留着那纯正的"北京味"，让来北京旅游参观的全国乃至世界的游客们，还可以在这里感受到传统的北京胡同文化。

隐喻象征是暗示由此及彼的关系，是在较大的范围内让人产生想象，以唤起人们的注意，创造特有的氛围的手段。如龙是东方民族的骄傲，而鹰则是西方民族的代表，不同地域不同文化的不同象征，都可以激起人们的归属感，在显示地方特色上发挥作用。

隐喻象征在公共设施设计中的运用主要体现为设施内涵性及意向性的赋予，成为传统文化的传播途径，以及形成环境特色的有利载体。

第三节　中国传统文化的发展对现代设计的影响

一、中国传统文化对设计产生影响的原因

（一）直接原因

中国传统文化是在我们世代生活的这片土地上发生发展的，大众也能够接受这些文化，喜欢这些文化。因此，设计师在进行设计时，如果能够将中国传统文化很好地运用到设计中，会使设计更容易受大众的青睐，更能打动大众，更能使大众产生认同感。例如，中国银行的 logo 就很好地展现了这一点，该标志源自中国古代的钱币，又融入了汉字"中"的结构，共同构成了简约又现代的银行标志。

中华民族有着五千年光辉灿烂的传统文化发展史，形成了一个拥有独特民族特色的大国，我们的祖先在社会实践活动中创造的一切文明成果都是我国的传统文化。现如今，各个民族的文化底蕴被看作是民族设计理念的风向标。

（二）间接原因

国之所以为国，是因为它存在有自己独特的东西；民族之所以为民族，是因为它也有自己独特的东西。而对于我们这个幅员辽阔、多民族的国家来说，上下五千年所形成的文化就是我们的独特之处，是不能缺失的东西。因此，这就要求我们这些炎黄子孙继承和发扬这些文化。而最好的继承与发扬的方式，就是将其运用到实际中。中国传统文化在设计中的体现，是我们对传统文化的一种传承和发扬，是中华民族文化得以传承和发扬的符号象征。

三、设计中缺乏中国传统文化的危害性

一个优秀的设计作品能够代表一个城市的形象，甚至代表一个国家的形象。随着经济的发展，设计的水平也在不断地提高。在我们身边，到处充斥着各式各样的设计，然而有些作品呈现出来的只是视觉的刺激，缺少了内在的文化内涵。诚然，世界的全球化在一定

程度上加速了设计的发展,也使得中国走向了国际轨道,但是不可否认的是,与此同时也带来了负面影响。越来越多的设计者一味地追求数量,追求设计作品的视觉冲击,而忽视了一个设计作品所真正应该呈现给大众的文化内涵。

四、中国传统文化对设计的内在影响

(一)对设计者的影响

我国的传统文化历史悠久,源远流长,已经渗透到了我们生产生活的方方面面。传统文化同样也影响着设计者,影响着设计者的设计思维理念、行为等。艺术的行为者是人,传统文化通过对设计者的熏陶影响反过来影响着艺术设计。能够在设计作品中继承和发扬中国传统文化,取决于设计者对中国传统文化的重视度。横向比较,不止我国,很多国家的设计,虽然风格迥异,设计手法不同,但无一例外都在作品中展现着民族的特色,正所谓"民族的才是世界的"。

(二)对设计视觉形态的影响

设计在很大程度上需要展现出来的东西是通过视觉形态传达给大众的,而中国传统文化很注重视觉形态。因此,中国传统文化必然对当代的设计视觉传达有着举足轻重的作用。中国传统文化在源远流长的发展过程中表现的形式多种多样,如陶瓷、刺绣、建筑、诗词歌赋等等。设计通过对这些传统文化进行视觉的提炼和发展体现出传统文化的影响。这些传统视觉形态的融入既使得传统文化得以传承,又体现了这种视觉形态和心灵的美感。在当代的设计中,对传统文化的视觉理解不能仅仅停留在外在层面上,更不能仅仅追求美的形式,而应更加注重在这种视觉形态的传达下的深层的文化内涵。仅仅只研究美的形式是不够的,文化的内在内涵也很重要。

五、中国传统文化对设计的外在影响

在经济发展的当代,包装在商品中扮演着越来越重要的角色。一件商品包装的好坏,有时会直接影响到其销量。中国传统文化,如书法,书法形式多种多样,同时,中国书法中的黑白的鲜明对比也使得展现内容更加简单明了,因此,如果能在商品中引用这种书法的表现形式是很不错的。与此同时,大众的视觉体现中对色彩的敏感度是最高的,一件物品最先给人以冲击,留下印象最深的是色彩。不同民族有不同的文化,也就有不同的色彩,就形成了不同的色彩心理。中国的这种色彩心理在很多设计方面,尤其是包装设计方面留下的印象更加深刻。民族风格在现代包装中的应用,能够增加商品竞争力。

第四章　传统文化的发展对现代设计的影响

中国传统文化对设计有着很深的影响，究其原因是多方面的。放眼各个设计，如果缺乏了传统的文化底蕴，危害是很大的。同时，中国传统文化对设计的影响也是多方面的，有内在，也有外在的。要想提高设计在国际上的竞争力，就需要在传统文化上下功夫。但是，目前我国的设计还存在着相当大的问题，需要新一代的设计者们不断进取。

众所周知，艺术是相通的。几千年前孔子的理论体系与西方现代心理学家亚伯拉罕·马斯洛的需求层次理论的精髓相呼应。马斯洛认为人的需求层次分为生理需求、安全需求、社交需求、尊重需求、自我实现需求，这些科学或是哲学的研究已成为现代设计理念最基本的部分。史蒂芬·乔布斯开创了苹果公司传奇的时代，他所追崇的极简风格也是佛教禅宗的具体体现。乔布斯本人是日本禅宗的狂热信徒，他对于"空灵"的世界有着独特的感悟。极简风格成为时下最为热门的艺术语言，影响着我们生活的方方面面。

中国的现代设计要重视传统继承。国人谦逊和气的特质源于孔子中庸思想的千年影响，也受到老庄美学宣传的"恬静淡泊"的影响。那么设计师在创作时就要运用传统的思想观念，让受众感觉到相应的审美意象。这种创作法则，就是要从我国数千年的文化传统中提取出来。

除此以外，我们应该在传承中继续深刻地挖掘中国文化。我国传统文化历史悠久，博大精深，不论是音乐、戏剧、建筑、服饰、文字、手工艺，都有着设计师们可以摄取的地方。每一处细节都是经过历史的打磨留下的遗产，我们应在此基础上取其精华，获取灵感，不断为现代的设计创作提供创新源泉。

人们可以把一件好的产品看作是艺术作品，也可以把生产的过程看作是艺术创作的过程。好的产品是需要有文化底蕴作为支持的，是要拥有思想灵魂的。将传统文化作为现代设计的肥沃土地，使之成为我国现代设计取之不尽的营养源泉。

第四节　中国传统文化与现代设计的融合

中国传统文化源远流长，在不断地发展过程中积淀了取之不尽的传统文化元素，在平面设计中，传统文化元素只有转化为商业资本才能被关注与认知，传统文化元素只能借助产品才能转化为商品。平面设计作品借这种商业化的形式将本土意识进一步加强，同时也对民族文化起到了宣传与发扬的作用。

一个国家想要在世界民族之林中立足，除了拥有强大的综合国力之外，还需要具有独特的民族文化。艺术设计作为一种独特的文化现象，它不只是新时期人们的物质生产与科学技术提高的标志，也是综合了社会文化、习俗等方面的概括体。艺术设计只有汲取传统文化因素，才能充分展现出自身的魅力，顺应现代受众的审美观念。当今许多成功的艺术设计作品，尤其被世界艺术领域认可的中国风格的艺术设计作品，它们的成功都与吸收中国传统文化元素的营养分不开。

中国的现代设计应该注重融合中国传统文化，但中国现代设计在继承和发扬中国传统文化时，绝对不应该是对中国古文明进行简单的形式化复制，而是要融合中国传统文化的精髓。中国现代设计应该大步迈向国际设计潮流，学习和运用国际先进设计思想、技术的同时融合中国传统文化。在中国传统文化的精髓中融入国际先进设计理念，逐步形成具有民族特色的国际化设计形式。现代主义设计是当今欧美先进国家及世界上大部分国家的设计主流，而且拥有先进的思想内涵。现代主义设计融入中国传统文化是符合中国现代设计发展的一条途径。现代主义的定义比较复杂，它包含的范围极为广泛，哲学、心理学、美学、艺术、文学等方面都被涉及。现代主义设计起源于二十世纪初，二战后逐渐席卷全球，从平面设计到建筑设计都受到影响，可以说各种设计门类都受其深刻影响，其不但深刻地影响到整个世纪的人类物质文明和生活方式，同时也对各种艺术、设计活动都有决定性的冲击作用。现代主义设计在设计形式上强调功能合理、经济实用、美观简约等特点，但它绝对不是一种简单的风格，其对功能的重视，对材料的执着，对尺度的精准，对比例的考究，都是可以创造极为精彩的设计效果的。现代主义设计思想的深层内涵是它一直具有鲜明的民主色彩和社会主义特征，强调设计能够为广大劳动群众服务，同时希望社会大众都能享受设计。现代主义设计的内容比较广泛，世界上的设计大师也各具特点，但现代主义设计思想的深层内涵总体上体现了其先进性、科学性、合理性及可持续性的优点，正因如此，时至今日仍然受到众多世界级设计大师坚持与推崇。现代主义设计是伟大的，是符合中国乃至世界的现代设计发展潮流的，应该大力推行。

中国传统文化元素主要有中国书法、篆刻印章、中国结、京戏脸谱、皮影、武术、秦砖汉瓦、兵马俑、桃花扇、景泰蓝、玉雕、中国漆器、红灯笼（宫灯）、文房四宝（砚台、毛笔、宣纸、墨）、四大发明、佛、道、儒、法宝、阴阳、禅宗、观音手、龙凤纹样（饕餮纹、如意纹、雷纹、回纹、巴纹）、祥云图案、中国织绣、彩陶、紫砂壶、蜡染、中国瓷器、对联、门神、年画、鞭炮、谜语、饺子、舞狮、中秋月饼、国画、敦煌壁画、山清水秀、写意画、太极图、大熊猫、鲤鱼、芭蕉扇、风箱石狮、飞天、太极、唐装、绣花鞋、老虎头鞋、旗袍、肚兜、斗笠、帝王的皇冠、皇后的凤冠、金元宝、如意、烛台、罗盘、八卦、司南、棋子与棋盘、象棋、围棋、华表、楼牌、长城、寺院、庙、亭、民宅等。

一、艺术设计的核心是传统文化

我国传统民族文化在五千年的积淀中，经历了佛教、道教、儒教等教派的相互融合，并在传承中不断发展。传统文化是民族文化的重要组成部分，而民族文化是我们艺术设计创作的核心，只有融合了传统文化，才能够让艺术作品获得更多人的认同。随着社会的发展，受众对于艺术设计的品位与要求也在逐渐提升，这就需要我们在艺术创作中融合深厚的文化内涵。如今的艺术设计是传统文化与科学技术相结合的创作，而为了能够适应多元化的发展，就需要将民族传统特征与艺术设计融合，形成富有民族特点的艺术设计风格。艺术设计的精神核心就是传统文化，也是我们进行艺术设计的出发点，它可以给艺术设计带来无穷无尽的资源，并且不会因为时间的流逝而消失，反而会因为长久的存留而更富有韵味。

中国现代设计应该融合中国传统文化，要将两者发扬光大。如果把设计看作是文化的具体表征，那么一个民族传统的灭亡就是该民族文化的衰亡，因此中国现代设计和中国传统文化的结合与传承发展很重要。中国有数千年历史，今天所见的设计很多都有历史可以追溯，我们要找到中国传统文化的精髓，将其作为我们所认定的传统。日本是一个很重视保护传统文化的国家。日本自接受唐文化之后直到今天其文化中仍然保留着大量的唐代精神，并且在其近现代设计中融合日本文化也十分成功，这是值得中国现代设计学习和借鉴的。日本擅长学习外国先进经验，也擅长把别人经验和自己的本国国情结合，其民族传统文化保存得非常好，而且和现代设计的内容融合一体。比如：日本的传统食品、传统服装、传统包装和平面设计、传统建筑及室内设计等都就有相当高水平的融合现代设计的特点。日本现代设计一个非常重要的特点是它的传统与现代双轨并行体制，传统与现代设计平行发展，不会互相干涉和排挤，在可能的情况下就互相借鉴及融合。日本和中国同属东方邻国，文化上具有很多共同点及渊源，对方的成功经验应该值得研究学习。近年来，国内广大设计学者和设计师都逐渐重视中国传统文化如何能更好地融合现代设计，他们都开始持续对中国传统文化做深入调查与研究以期推动中国现代设计迈向国际水准，把中国现代设计推向国际市场，这是中国现代设计的进步。中国传统文化融合现代主义设计理论上应该寻求两者的共同点，以便寻求统合的共同特色。

拥有"奥运福娃之父"称号的韩美林先生，在设计福娃的时候就将艺术设计与我国传统文化元素相结合，他曾经说过，"每个艺术设计作品的成功，都是有'根'"。传统文化是艺术设计创作的根基，其历经了几千年的沉淀，涵盖了整个民族地区，潜意识里影响着群众的审美观念，艺术设计只有传承了传统文化才能够受到受众的喜爱。例如香港的艺术设计在亚洲一直处于比较领先的位置，而它之所以能够受到人们的认可，就是因为在进行艺术创作过程中，除了汲取外国先进的文化，还融合了中国的传统文化。许多香港设计师都在传统文化与现代设计中寻找沟通的途径，而香港设计的成功也证明了传统文化与艺术设计的紧密关系，可以说一个成功的艺术设计作品只有建立在传统文化的基础上才更加具有活力。

二、传统文化元素与现代艺术设计作品的融合

时代的不断发展，推动了艺术设计的进步，这种进步得益于对我国传统文化元素的运用。我们将传统文化元素融入到艺术设计中也要有所选择，要将值得传承的传统元素与艺术设计作品相融合。新时期西方文化对我国传统文化与艺术设计有着猛烈的撞击。面对这种局面，我们需要保存自己民族的文化特点，用传统文化来诠释艺术设计，而不是一味地推崇西方的设计理念，让我国的艺术作品毫无特点可言。例如我国传统的审美观念讲究对称与天圆地方，所以在我国许多的艺术设计作品中就蕴含了对称美与作品结构饱满性的特点。

当代许多的艺术设计作品中都融合了我国传统文化特征中的符号、图案等，例如现代室内设计大师贝聿铭就在中国香山饭店的室内设计中运用了大片的具有南方特色的青砖灰瓦色彩，使得饭店有一种江南水乡的文化情怀，可以让食客们在这里产生文化的共鸣。

中国作为东方文明古国，具有上下五千年的历史及富有特色的传统文化。在现代社会中许多富有生命力与影响力的设计作品，多数也源自对我国传统文化的创新与发展。北京奥运会的标志就是将我国传统文化与现代艺术设计相结合的最好例子。设计者将五星、五环与中国结的图案融合起来，并且加入了太极拳的元素，让奥运会标志显得十分和谐，显示出自己独特的魅力，展示出了我国传统文化理念与现代艺术设计相融合的艺术效果。另外，设计者使用了我国传统书法中写意的表现方式，将运动员与中国结两种不同的事物相结合，既表现出了我国传统文化的韵味，又传达了群众的美好祝愿。

近代以来，中国很多著名设计师们都一直带头进行现代主义设计实践，期间也创造了很多融合中国传统文化的优秀设计作品，而且也为中国现代设计发展积累了很多宝贵的经验，为中国传统文化融合现代主义设计探索做了重要贡献。中国近现代的建筑大师林克明、陈伯齐、夏昌龙、龙庆忠、莫伯治、佘唆南、何镜堂等建筑设计大师都是专注于现代主义设计融合中国传统文化的代表人物，这些大师们大多都有留学欧美国家接受现代主义设计教育的背景，对现代主义设计有自己深入的理解，他们也较早的多方面地探索了中国现代建筑设计，并积极探索现代主义设计与中国传统文化的融合，期间产生了很多有价值的优秀建筑等设计作品，这些设计作品大多集中在中国岭南地区，例如广州白天鹅宾馆、北园酒家、矿泉别墅、广州宾馆、南越王博物馆、新东方宾馆、广州友谊剧院等等，精品

可谓多不胜数。其中莫伯治和佘畯南是把现代主义设计融合岭南地域文化为一体的最为代表的人物,广州白天鹅宾馆和广州友谊剧院都是他们的代表之作,白天鹅宾馆是典型的现代主义建筑设计,空间内部融合岭南园林水乡设计,创造了精彩绝伦的设计效果,此酒店迄今为止仍然是广州最好的酒店之一;佘畯南在设计上常突出现代主义设计建筑特点,他于1964年设计的广州友谊剧院是一座简洁大方、经济实用,既突出演出功能,又富有现代感的作品,其中具有中国园林风格的空间氛围,建材选用上因地选材,因而具有高水平而低造价的特点,是全国剧院设计的典范。

  上述中国设计界的前辈们的探索和实践是具有成效的,他们众多的设计作品是成功的,应该感谢前辈们的探索。时至今日,中国总体设计水准较以前已经大幅提升,并逐步踏进先进设计国家之列,中国设计师和设计作品也逐步享誉世界。中国传统文化融合现代主义设计目前已得到更多国内学者及设计师的重视,他们孜孜不倦地进行设计实践,成果丰硕,这是中国设计界在意识形态和市场现实两方面的重大进步。今天,中国现代设计对现代主义设计的理解和运用更加成熟,在融合中国传统文化方面也更游刃有余,更能体现中华文化传统的精神内涵和深层气质。以中国当今杰出建筑设计师为例就有现代主义建筑大师贝聿铭、王澍、俞挺、柳亦春、赵晓东、梁志天、胡如珊等优秀的前沿设计师,他们都致力于把中国传统文化融合现代设计并获得了巨大成功。现代主义建筑大师贝聿铭被誉为"现代主义建筑最后的大师",他荣获1983年第五届普利兹克建筑学奖(有"建筑界的诺贝尔奖"之称),他主张"越是民族的,越是国际的",他的代表作品——北京香山饭店是一项典型的现代主义融合中国传统的精彩设计作品,香山饭店是享誉中外的经典之作,用他的原话就是:"从香山饭店的设计,我企图探索一条新的道路"。王澍(中国美术学院建筑艺术学院院长)是国内优秀的新生代建筑师,他是2012年普利兹克建筑学奖获得者,也是获得这项殊荣的第一个中国公民。他的代表作品有世博会宁波滕头案例馆、苏州大学文正学院图书馆和中国美术学院象山校园等。王澍长期致力于研究中国传统文化与现代建筑的相融方式,他的设计具有明显的现代主义设计特点:设计形式简约大气、选材节约环保、造价合理、追求功能合理、尺度比例精准、色彩素雅清新,同时巧妙地融合了中国传统的建筑技术、传统建筑材料、手工艺、材料加工工艺等;其设计展现了中国传统文化在建筑中的高超表达,展现了中国传统文化的精髓和魅力,并发掘其与现代建筑内在的微妙关系。普利兹克奖评委会主席帕伦博勋爵曾经这样评价王澍:"他的作品能够超越争论,并演化成扎根于其历史背景永不过时甚至具世界性的建筑。"王澍的设计可以说精彩绝伦,惊艳四座,展现了现代主义设计融合中国传统文化的顶级水准,享誉世界。著名建筑师俞挺的设计作品无极书院、九间堂二期、东园雅集别墅小区、拙政别墅等都是国内优秀的房地产项目，他的设计作品从建筑、园林，到室内设计、家具、用品都追求现代主义设计融合中国传统文化，设计作品非常高雅清新，展现了对现代主义设计精神处于新时代和特定地域的理解，也有深沉的中国传统文化内涵，人文情怀概括得非常独特而有效。国内目前设计界的优秀人物和精彩之作是不胜枚举，他们都是现代主义设计融合中国传统文化的道路上出奇制胜的成功者，我们应该在此道路上继续前行，开创中国未来设计的新高度。

中华民族历来具有积极向上、智慧勤奋的创新精神。中国传统文化具有上下五千多年的历史，其饱含精华无数，也含有众多的智慧文明，中国设计界应该继续发扬民族创新精神，继续深入调查与研究，提炼中国传统文化的精华，使中华传统文明融合先进的国际现代主义设计，提升中国未来设计的水准和世界影响力。

三、传统文化在艺术设计中的应用创新

创新是传统文化发展的历史趋势，也是现代艺术设计所追求的目标，然而艺术领域的创新并不是对传统文化的分离，而是对传统文化中的元素进行新的概括与组合。将我国传统文化与现代艺术设计相融合就是一种自我创新意识，也就是我们所说的"文化整合"的过程。多姿多彩的传统文化主体只有被融入到全球化的艺术设计发展中，才能够发挥出自己的独特价值，才能在如今飞速发展的艺术设计舞台中扩大我国传统文化的话语权。

（一）在传统基础上的创新

要想让传统文化与现代设计富有生命力，就必须要加大它们的融合力度，从多角度来进行整合。例如深圳的万科园，在建筑群与园林景观的策划设计上，就借鉴了徽派建筑与晋派建筑的文化特征，然而万科园并没有直接照搬这些建筑形式，而是有选择地将传统与现代、中国与西式元素进行很好的融合与嫁接，从而既构建出了符合国人居住的传统环境，又达到了适应现代人们的生活习惯的目的。走在小区中，我们可以看到许多建筑将传统元素经过变形后进行重组，构成了具有传统韵味的装饰图案。例如一些墙壁是以战国时期最具代表特色的漆器为切入点进行创作的，这一时期的图案与之前商周青铜器神秘、凝重的风格大相径庭，不管是构图还是造型大多是活泼生动的形式。其所描绘的漆盘内两只飞翔的凤鸟是以转换对称的形式出现的，用曲线来贯穿整个画面，起到了弥补墙壁之间的空隙与统一风格的作用。而这也是我国传统文化中太极图形的表现形式，代表着生生不息、圆满幸福的美好寓意。鲁迅先生曾说过："采用外来的民规，加以发挥，使我们的作品更加丰满是一条路；择取中国的遗产，融合新机，使将来的作品别开生面也是一条路。"香港著名的艺术设计师靳埭强对传统文化元素情有独钟，他设计的许多海报作品都融合了我国的水墨画与书法元素，这些设计并不是单一的线条勾勒，而是用饱蘸墨液的毛笔展现出了

富有魅力的轨迹，这些从黑色转变为灰色的浓淡度让人称奇，是东方魂魄的直接展示。"我常常玩物，不论古今，志在欣赏、学习、拥有，偶然用于设计，则视乎如何化物为意，点出创新的精神"，靳埭强海报作品创作的神来之处，就是将传统文化与艺术设计进行创新的完美结合。

（二）要体现出人文关怀

在现代艺术设计中，传统文化元素的运用除了提升艺术设计作品的审美价值外，还使艺术设计体现出了对人的关系，这也是将传统文化融合于艺术设计的一种创新。艺术设计的根本目的就是服务于人，所有的设计都是围绕人的需求来考虑的。而反观我国传统文化，不管是祈福的图案，亦或是手工艺剪纸，都能体现出人们的美好的祝福与愿望，这是我国传统文化最明显的特征，也是我们中华民族情感道德的物化。

（三）传统图案的应用

传统图形在现代艺术设计中的应用，并不是简单的复制和堆砌，而是将传统文化元素进行提炼与整合，为其重新设定一种视觉语言环境，继续发挥原有的图形信息。例如，中国银行的标志，就是采用的中国古时钱币的图案为原型，利用简练的线条体现出该机构的商业化性质，象征着中国银行的经营理念。所以，对于传统图形的直接使用也是一种创新，也能使传统在现代文化中重放光彩。

（四）传统元素的演变

在现代艺术设计中仅仅直接采用传统文化元素是远远不够的，有时还需要在充分理解传统文化的基础上进行衍生与扩展。比如北京的申奥标志，其设计理念是将传统文化应用在视觉形式的展示上，图形好似一个正在打太极的人形。作者把奥运五环的图形旋转45度角，演绎成为极具动势的五角星，与中国传统民间工艺品"中国结"相似，体现出中国人民同心协力、热盼奥运，期盼与各国人民交流协作的美好愿望。以此来推动世界文化的交流与互动，加强民族文化的传播，最终达到民族文化的延续与拓展。

在唐朝，长安分成东市和西市，东市主要服务于达官贵人等少数人群，而西市主要对群众市民开放，这里有大量的外国客商来做生意。西市占地约1700亩，曾经是世界上最大的商品贸易基地，长安也是当时最大的世界贸易中心。而现代的大唐西市的方案设计同样需要针对周边环境来进行协调，虽然许多建筑都是仿照唐朝而出现的，但是在内在的建筑结构与使用材料方面都是利用现代的艺术设计元素。在大唐西市的设计中，我们可以看到广场上许多具有传统吉祥寓意的图案被应用到灯具、座椅、指示牌等造型设计中，并且将木雕、剪纸、壁画等传统民间美术元素巧妙地结合到这些环境艺术设计中，让西市的广场环境中充满了祥和幸福的氛围。如今人们生活在一个快节奏的社会，曾经金碧辉煌、集市马车的环境已经离我们远去，而我们希望看到的是一个朴实、安逸的生活环境。其实，不管时代怎么变化，科学技术如何发展，人们对于美好生活的渴望与追求是永远不会变的。所以当人们感受到越来越疲惫的时候，设计者们就需要更加用心地去体会现代社会中人们的需求，不只是生活与物质上的，更多的是情感与精神上的。通过传统文化与现代艺术设计的巧妙结合，来给人们以更多的人文关怀，让人们能触摸到最原始的回忆。

传统图形的民族精神是以隐蔽或显现的形式蕴含在现代图形中的。中国传统文化有着取之不尽用之不竭的资源，剪纸是中国民间流传最广泛的一种民间习俗，现代的服装设计就成功地吸取了我国民俗文化的精髓，将其进行转化，不但做到了让人过目难忘，而且还被当作艺术品来欣赏，以唤起消费者的民族情怀，造成一种亲切感。

很多人都有很深的中国情结，并在寻找一种中式装饰风格，这种装饰风格去除表象，而直达内里，用现代元素诠释传统居住文明。将传统建筑中的照壁、山墙、冷巷、天井、前庭、后院、廊架、挑檐、花窗，融入现代设计中，现代科技与中国传统民居的精妙相融，使建筑的含义被重新定义。

现今的中国设计中能将中国传统文化元素与现代设计很好地结合的作品并不是很多，关注我们的传统文化，挖掘中国传统文化的精髓，创造出新的适合中国地域性的设计，培养更多的设计师去探索中国传统文化元素在艺术设计中的无穷的创新可能。

我国传统文化历史悠久，融合了中华民族几千年的文化积淀。在新时期的艺术设计中，我们要融合传统文化元素，这是历史的使命，也是一种创新。我们还要在传统民族文化的基础上，进行艺术设计，这样才能够向世界更好地展示我国博大精深的文化体系，在世界上传播我国五千年的悠久文明。

第五章

环境艺术设计中的传统文化元素的运用

第一节 环境艺术设计与传统文化之关系

一、环境艺术设计与文化之关系

顾名思义，环境艺术设计的对象是人类赖以居住、工作和生活的环境。环境，是个内涵非常广泛、丰富的概念，它是指人类所存在的周围地方及其中与人类有关的事物，一般可大致分为自然环境和人文环境。对于环境艺术设计而言，讨论的对象主要是人文环境。既然环境的定义包括了人类所存在的周围地方，那么环境艺术设计也就涵盖了非常广泛的领域。大到一个景区乃至一座城市的布局规划，小到一座建筑与周边景物的搭配乃至建筑物内部某一房间的布局，无不属于环境艺术设计的范畴。因而，正像环境艺术理论家理查德·多伯所说的那样：环境艺术"比建筑更巨大，比规划更广泛，比工程更富有感情。这是一种'爱管闲事'的艺术，无所不包的艺术"。

而环境艺术设计的目的，首先是要使人们赖以存在的环境得到艺术层面的美化。从这个意义上来说，环境艺术设计是基于艺术审美的"创美"活动。其次，则是要让环境能够适应并彰显出某一特定人群的品味、品格与追求。从这个意义上来说，环境艺术设计又是一种基于文化认知和认同的文化创造活动。因为一切审美活动及"创美"活动必须根植于特定的审美文化心理，而这种审美文化心理则是由特定人群的性格、品味及其价值观念、追求倾向所决定的。上述这些特定人群的性格、品味及其价值观念和追求倾向，概括起来，则属于"文化"的范畴了。

现代环境艺术设计与中国传统文化

文化，同样是个内涵丰富、兼容并包的概念。广义的文化，包括物质文化和精神文化，它是指全人类或特定的国家、民族所创造的一切物质财富和精神财富的总和；而狭义的文化则是专指精神文化。具体来说，它是指在某一个国家或民族当中，可以凝结在具体的物质文化实体当中而又能游离于其外的、能够被传承下来的历史传说、民风习俗、思维方式、行为模式、生活方式、价值观念、文学艺术等具有意识形态属性的事物。对于该国家或民族的成员来说，国家或民族的文化是人们彼此之间进行思想意识及价值观念交流的必要条件和必要工具，在人们的日常生活中发挥着潜移默化的功能，在社会生活中占据基础性的重要地位。

那么，在环境艺术设计中是怎样体现文化的呢？一般来说，环境艺术分为三个层次，即物态层次、信息层次和精神层次。物态层次，是指环境当中的物质实体以及这些实体之间的相对位置关系；信息层次，则重在考察环境中的物质实体及其相对位置关系能够给人带来一种怎样的感受，这些感受可能引起怎样的心理反应。这些隐含在物质实体及其相对位置关系当中的、能够给人们带来特定感受的感官信息汇总起来，就构成了艺术设计的信息环境，这就是环境艺术的信息层次；在上述特定环境信息引起综合性的心理反应的基础上，人们产生的诸如了愉悦、舒适、震撼等心理感受，就揭示出了环境艺术的第三个层次——精神层次。而环境艺术的信息层次与精神层次，是需要区别清楚的一对概念。精神层次，是主观性最强的一个层面，它集中体现为主体人对于周围环境的主观感受，个人的性格、情绪、知识水平、文化背景及素养等各方面的精神要素在很大程度上影响着这种主观感受的类别及其强度。而环境艺术的信息层次，则是指能够给人们带来特定感受的感官信息的汇总。

这些感官信息隐含在物态实体当中，为人的眼、耳、鼻、舌等感官所感知才能引起一系列的心理反应。如果说物态层次是客观的层次，精神层次是主观的层次，那么信息层次则是介于两者之间的中间过渡层次。环境艺术设计要体现不同文化的影响，也必然集中在这个信息层次当中。因为环境艺术设计者从自己的文化背景出发，将能够体现本民族审美文化心理的事物设计成为了环境艺术"语言"。人类所有的语言文字，归根结蒂都是一种符号。而环境艺术这种"语言"自然也不能例外。

它是一种凝结在物态实体当中、隐含着特定感官信息、承载着特定文化心理的环境艺术"语言"符号。当人们走进这个艺术化的环境时，就会根据自己的文化背景、文化心理和文化素养，将感官接收到的环境艺术信息"语言"符号进行"解码"，就会得到有同有异的心理反应和审美感受。而进入环境中的主体人，其知识水平和文化背景越是与设计者接近，就越容易产生设计者所期望的心理反应和审美感受。

第五章　环境艺术设计中的传统文化元素的运用

比如公园角落里一丛青翠欲滴的竹子。如果欧洲游客看到了，可能会称赏这竹子是多么的翠绿，就像美丽的绿宝石一样。因为欧洲纬度高，不生竹子，竹子对于欧洲游客来说只是新奇的、能够引发惊喜情绪的事物。而对于中国游客来说，就不会局限于竹子外表的"信息"所激发的其审美感受，而是会更多地联想到竹子这一事物所表征的精神内涵。比如"竹报平安"的民俗意蕴；比如竹子表征出的"千磨万击还坚劲，任尔东西南北风"的坚韧精神；比如"独坐幽篁里，弹琴复长啸"的潇洒意态；比如竹笛清脆、婉转、悠扬的乐音……可见，文化背景不同的主体人，对于同一环境艺术信息产生的心理反应和感受，是有显著差别的。与环境艺术设计者拥有相似文化背景及知识水平的人，可能依据接收到的感官信息进行深入地想象和联想，从而得到更为多义、更为深刻的审美感受。

而且，这个想象和联想的过程是个能动的过程，审美主体人通过想象和联想而最终对环境艺术信息进行多层面的成功"解码"之后，不仅能够得到更为深刻、全面的心理感受，而且会对自己能动的联想与想象的"劳动成果"感到欣慰——这是一种富有参与感的欣慰，它会使审美主体人感到，自己参与到了设计者的设计活动中去，帮助设计者进行了最终的"完形"，实现了他的设计目的，并在此过程中与设计者进行了心灵的交流。

因而，这种基于共同文化背景的、能动的"完形"和交流所带来的心理感受是非常丰富、非常深刻的，能够激发审美主体人超乎寻常的满足感、欣慰感以及审美乐趣。从上面的分析可见，环境艺术设计在更深的层面上是一种文化创造活动。它的体现方式类似于波兰语言学家英加登所提出的"填空与对话"观点。即文学作品文本里面的字、词、句、段等"物质性"的组合是固定不变的，但它蕴含的思想内涵却是模糊多义的。这就好比是一道填空题，文学作品的文本只是填空题中的文字部分，而其内涵主旨则是空白部分。读者需要凭借自身的生活经验与文化素养，去"填空"、去与作者进行跨越时空的心灵对话，才能使文学作品的价值得到终极意义上的实现。

反观环境艺术，实际上也是这样一道"填空题"。物态层面上的环境本身是客观、固定的，然而它所蕴含的内涵、题旨、审美理想等等，却可能是模糊多义的。需要环境中的人根据自身的生活经验与文化素养去"填空"，并在此过程中与设计者进行跨越时间的交流、对话，才能获得丰富、深刻的情感体验和审美感受，才能从终极意义上实现环境艺术的价值。在这个过程中，除了生活经验之外，文化背景、知识素养、审美心理等等，无疑起到了重要的"桥梁"作用。正是从这个意义上，我们说环境艺术设计，是一项深层面的文化创造活动。优秀的环境艺术作品，也必然要恰切得体地体现国家的、民族的乃至地域的文化特征，用"环境艺术的语言"来构建特定的"文化语境"，在与环境中的审美主体人的精神交流中实现环境艺术设计的价值。笔者认为，这就是环境艺术设计与文化之间关系的具体表现形式。

二、环境艺术设计中融入传统文化元素的必要性

在环境艺术设计中引入传统文化元素,这是由环境艺术设计的特点与传统文化元素的特性这两个方面共同决定的。

首先,环境艺术设计趋同的环境语汇在逐渐磨灭我们民族审美的文化心理特征以及个性化的审美艺术追求。因而,亟需在环境艺术设计中引入传统文化元素来彰显本民族的文化底蕴,凸显本民族的审美文化心理特征。

其次,传统文化浸透着民族化的审美理念,容易被我国普通民众所认知、解读。因此,融入传统文化元素的环境艺术设计作品能够更为有效地表现出作品的审美情趣和思想内涵,从而实现其艺术价值。

再次,传统文化元素中往往包含着"以小见大"、"以显见隐"等"以含蓄为贵"的审美特征。在本章第一节,我们曾分析过,优秀的环境艺术设计作品就像是一道富有情趣、内涵丰富的多义性"填空题"。那么,传统文化元素中这些"以含蓄为贵"的审美特征,因为需要审美主体人通过积极的探索去解读其内涵,故而它们天然就具备作为环境艺术设计"填空题"的"优越素质"。故而,传统文化元素的融入,有可能促进观赏者与设计者之间的心灵交流,使观赏者在这种能动的交流之中获得非同寻常的乐趣。

最后,在环境艺术设计中融合传统文化元素,有助于增强我们民族的向心凝聚力。随着我国经济的发展,对外文化交流的频度和深度得到日益地加强和拓展。在与国际接轨的心态引导下,西方环境艺术设计的思路得到广泛地运用。罗马柱、尖屋顶、西式圆拱门、西式烟囱、荷兰风车这样的西式建筑元素在一些城市中随处可见。当然,文化交流是好事,西式建筑设计元素的引入可以丰富我国民众的文化生活。但环境设计中的西式元素过于强势,也难免会在一定程度上削弱传统文化对于民众的影响力。尤其是对于年轻一代来说,如果他们从小就生活在充满西式设计元素的环境中,难免就会淡忘民族传统文化的精神和特征。这对于凝聚我们的民族文化精神自然是不利的。

此外,令人忧虑的是,在西式设计元素大行其道的情况下,我国传统文化的建筑与环境设计元素却并未能得到广泛运用。即时这些元素有所体现,往往也处于简单拼凑、粗制滥造的状态。比如,高大的楼房有着简洁明快的线条轮廓,但设计师却非要在四角画蛇添足般地添加四道孤立的飞檐,使景观效果显得"不古不今、不土不洋",十分尴尬。相对于成熟的西式设计,这样"为赋新词强说愁"的仿古设计多半会沦为笑柄。如果我们的建筑与环境设计在运用传统文化元素方面,都处于像这样"牵强附会、简单拼凑"阶段的话,恐怕民众就会丧失对于传统建筑与设计文化的归属感与自信心,这对于强化民族身份认同、凝聚民族精神自然是有消极影响的。

因此，当代中国的环境艺术设计呼唤传统文化元素的回归，尤其是呼唤高品质的、能够将传统文化元素与环境艺术设计理念完美融合的环境艺术作品大量涌现。这既是传承民族文化根脉、实现环境艺术设计作品价值的需要，也是凝聚民族文化精神、创造新时代的中国特色环境艺术设计文化的需要。故而，在下面两章中，笔者将选取若干在环境艺术设计中有效融合传统文化元素的优秀案例进行分析，试图探寻在环境艺术设计中有效融合传统文化元素的一般原则与创意思路。

第二节　环境艺术设计中运用传统文化元素的原则

一、从宏观角度把握传统文化的精髓进行环境设计

我国传统的城市、宫廷或寺庙等建筑布局方案都强调"中轴线"这一概念。其原因是多方面的。

首先，以中轴线来统摄城市、宫廷、寺庙等大面积的建筑群，能够形成一种空间布局方面的对称之美。对于大面积的建筑群来说，这种规整的对称之美易于营造出一种宏大的气势。

其次，我国古代有着几千年的君主专制传统，在封建国家的政治结构中，至高无上的皇权处于绝对的中心地位。因而，都城、宫廷等大规模建筑群的布局都要强调用"中轴线"的统摄功能来象征处于中心地位的无上皇权。中国古代讲究"君君臣臣父父子子"，与皇权这种"人治"的体制相对应，在地方上，州郡官吏作为皇权的基层代理人，自然也享有相对于一城、一地而言的中心统治地位。因此，我们可以看到，中国大多数的古城也都是按照中轴线来布局，府衙通常就处在中轴线的正中央位置；而在寺庙、道观这种超越世俗的修行场所，依然有着类似俗世的等级制度，故而寺庙、道观建筑群的中轴线也象征着方丈、住持等人对于寺庙的管辖权；甚至到了微观的家庭宅院中，父亲具有对家庭的绝对统治地位，故而古代民居也同样按照中轴线布局，父母所居的正房自然就处在中轴线上。

再次，中轴线还是我国古代"中庸"学说的一个具象化的诠释。所谓中庸，简单、形象地说就是走中间路线，防止走向两边的极端。"中庸"是占统治地位的儒家所奉行的准则。因而，宫廷、城市等建筑群的"中轴线"设计，也恰到好处而又生动形象地诠释了"中庸"这个观点。

现代环境艺术设计与中国传统文化

最后,"中轴线"还象征着"中华"所处的地理位置。在上古时代,华夏族建立的夏朝、商朝等均在中原地区建都。这是因为中原处在南北东西四方之中,居于最为尊贵的位置。因此,早期的华夏也就演变为"中华"、"中夏"等称呼,其实就是为了强调华夏族所建立的国家处于世界的中心,接受北狄、南蛮、东夷、西戎等四夷朝贡的天朝大国气象。因此,城市、宫廷等建筑群的中轴线布局,也是彰显大国气象、法度的一种重要的表现形式。因此,中轴线就作为传统建筑布局和环境艺术设计的一条重要的原则,延伸、流淌在两千年的中国建筑史当中,直到今天。虽然"君君臣臣父父子子"的宗法人治制度已经被废除了,然而中轴线所表现的"中庸"、"中华"等内涵意蕴,则仍具有十分积极的意义。再配合建筑沿中轴线布局所带来的对称之美与宏大气势,中轴线就能够诠释几千年中国建筑与环境艺术设计的底蕴与风貌了。

因而,对于环境艺术设计来说,采用中轴线的设计方案,无疑是体现传统文化精髓、意蕴的一种宏观方式和手段。下面以西安大雁塔北广场为例(如图5-1),来加以具体的分析。

图 5-1 西安大雁塔北广场鸟瞰

西安大雁塔北广场,是一座音乐喷泉主题广场。我们知道,在历史上,西安是盛唐帝都。隋唐长安城留给今天最为显见的建筑艺术遗产,就是大小雁塔。其中,又以大雁塔最为完整、最为雄伟、最为知名。要在大雁塔之北建设广场,则突出"盛唐"这个主题自是应有之义。盛唐时代,国力强盛,万邦来朝。盛唐帝国以"华夷如一"的博大心胸包容北自突厥、南自天竺、东自高丽、西自中亚的万千异邦人士,他们与汉族民众一起,创造了犹如杂树生花般绚丽夺目的盛唐文明。而帝国的首都长安,自然是这种伟大文明的集中代表。正如骆宾王《帝京篇》所言:"山河千里国,城阙九重门。不睹皇居壮,安知天子尊"。

第五章 环境艺术设计中的传统文化元素的运用

因此,如何突出"皇居之壮",就成为大雁塔北广场环境艺术设计的首要问题。则中轴线的布局方式便是首选。理由如下:

首先,大雁塔就在隋唐长安城的中轴线上,以大雁塔作为控制点来设计中轴线,统摄整个广场,是水到渠成的事;其次,以大雁塔为轴心来设计中轴线,则将大雁塔之高耸雄伟与广场之平坦宽阔构成了"点与线"之间的鲜明对比,又在此对比的基础上统一于"雄浑"这一具有盛唐风格的审美特征;

其次,中轴线具有延伸感,容易令人通过联想产生动感。且看唐代著名诗人曾参的《与高适薛据同登慈恩寺浮图》:"秋色从西来,苍然满关中。五陵北原上,万古青濛濛"。慈恩寺浮图即大雁塔。当年,曾参登大雁塔观看秋色,看出了"秋色从西来"的动态之感。今天我们从大雁塔上鸟瞰北广场,凭借中轴线的延伸感,仍然能够体会到一种充满微茫之意的无远弗界的动感。

再次,中轴线的布局能够彰显中国古代城市布局严谨的章法之美,体现了"中庸"这一朴素的处世之道,与"水深土厚"的关中淳朴民俗也是颇相适应的;

最后,中轴线突出了盛唐长安城曾最为世界第一大都市的中心地位,凸显了万国来朝的光荣景象,也就突出了包容列国、抚恤万邦的雄浑博大的盛唐气象。

当然,除了中轴线之外,北广场还采用了其他一些富有传统文化色彩的设计元素。比如,中轴线水道上的喷泉设置了九级。九,在中国文化中是一个内涵丰富的吉祥数字。皇帝的都城是九门,皇帝的宝座是"九五之尊",民间的信仰讲究"九九归一"。因此,将喷泉设计为九级,在文化方面是富有启发作用的。此外,喷泉水道两侧的绿化模块,实际上是按照中国书法的九宫格来设计的。而唐代长安城的里坊布局,也正式采用了九宫格一般的布局方式。因此,这些绿化模块可以说是象征了隋唐长安城的民居里坊,凸显了中国传统文化的章法严谨之美。这些传统的设计元素,就像绿叶一样映衬着"中轴线"这朵"红花",使得北广场在精神层面上复原了隋唐长安帝都。

通过上面的分析,我们可以看到,从宏观视角来总体性地运用中轴线这样的传统文化设计元素,容易达成一种"大象无形"般的博大气象。说它大象无形,并不是说没有一定的形体。而是说像大雁塔北广场这种利用传统文化观念、元素进行设计的环境艺术作品,就像是用天地为背景,设置了一道内涵广大的"填空题"。读者仅凭"中轴线"这样一道简单直线的提示,根据自己的知识储备和文化背景,就能够联想到众多的历史文化事件。这也就是说,中轴线这一传统文化的设计理念,包含着太多的环境艺术信息,当这些信息激发了审美主体人所具备的文化背景时,就能够引发无尽的想象和联想,达到"思接千载,视通万里"的博大境界。从而让审美主体人在与历史文化的交流与对话中,能动地、自觉地体验到盛唐帝都曾经的雄浑博大之美，从而凸显大雁塔北广场的主旨与价值。

二、从环境艺术设计的细节处体现传统文化内涵

如图 5-2。

图 5-2 都江堰水文化广场杩槎天幔

都江堰水文化广场坐落于都江堰景区内，是四川地区一座比较著名的以水文化为主题的休闲娱乐广场。杩槎天幔堪称为广场环境艺术设计中的"亮点"。所谓杩槎，是都江堰地区用来挡水的一种三脚木架。应用时以多个杩槎排列成行，每个中间设置堆积石块的平台。在迎水面加系横竖木条，培植粘土，覆以竹席，即可起到挡水的作用。在杩槎天幔当中，下方的青铜金属支杆，就象征着杩槎这种三脚木架当中的木棍。而上方不规则的金属网面，则象征着油菜花的花朵。在都江堰景区，油菜花是一种十分常见的经济作物。没到春夏时节，漫山遍野绽放金黄色的油菜花，充满了勃勃的生机。因而，整个金属网片都是由青铜合金制成，并做了镀金处理，来象征油菜花灿烂的金黄色。

从整体造型来看，无论是青铜支柱还是金属网片，它们的形体都并不规则，而且突出了带有较锐利的折线与直角，具有现代抽象主义的表现风格。然而，如果我们仔细看金属网片的细节，就会发现，它实际上使用了一种传统的吉祥纹饰——轱辘钱纹。所谓轱辘钱纹，就是用一个较大的圆形套一个较小的方形所构成的图案纹饰。两种几何形状分别象征着铜钱的"外圆"和"内方"。从民俗寓意方面来说，轱辘钱纹包含有"招财进宝"、"福禄双全"等吉祥文化意蕴，故而它是传统民居中一种常见的装饰图样。

从上面的图例我们可以清楚地看到，金属网片篾条纵横交错编织出的正是外圆内方的轱辘钱纹。它们与金属网片金黄的色调和谐地融为一体，昭示着"遍地盛开财富之花"的美好寓意。虽然杩槎天幔的整体设计具有抽象主义的风格特征，一眼望去很难让人了解其寓意。但是当代城市休闲广场一般都会附有景观简介，人们通过简介，自会知晓其中的含义。然后通过仔细观察，发现了遍布网面的轱辘钱纹，明白了其中的寓意之后，自然会恍然大悟，在内心中油然升起一种吉祥、喜悦之感。

第五章 环境艺术设计中的传统文化元素的运用

另外，我们注意到，枴槎天幔中具有构成主义风格的锐利线型又与网面底端柔和的曲线形成了和谐的对比与统一：锐利的线型强调了空间的势，具有张扬的特性；而柔和圆润的曲线造型则象征了中国古代哲学"圆满融通"的精神品格，具有内敛的特性。这种锐利与圆融、张扬与内敛的对立统一，就为在细节中运用传统文化元素提供了一个整体性的和谐载体。在此基础上，属于细节设计的辀辘钱纹依靠其数量优势，最终彰显了传统吉祥文化的底蕴。

从上面的分析可见，在都江堰水文化广场枴槎天幔的设计案例中，应该说存在着两个层面的"填空"式欣赏结构。第一个层面是富有抽象主义、构成主义风格的整体造型，要依靠其中蕴含的圆润线型等传统文化元素，从对立统一的视角去"解码"，去领会枴槎天幔整体性的内涵品格；第二个层面则是基于传统吉祥图案的细节设计，需要依靠仔细观察来重新认识其根本性的内涵特征。这样一个层层递进的欣赏结构，能够使得审美主体在"抽丝剥茧"般的探寻过程中获得多次的审美愉悦与文化心理的满足，带来多向度、多重性的审美感受。而造就这个递进式欣赏结构的关键性因素，则正在于细节中体现出的传统文化元素。

三、善于把握传统造型元素的文化底蕴

如图 5-3。

图 5-3 都江堰水文化广场导水漏墙

导水漏墙，是都江堰水文化广场的一道特色景观。它集实用和观赏功能于一体，上层是具有实用功能的导水槽，而建筑的主体部分则是采用斜向方格肌理构建成的镂空墙体，具有较高的观赏价值。从总体轮廓来看，导水漏墙基本是由若干条简洁的几何线搭接构建而成，具有构成主义的抽象风格特征。而镂空的墙体，却与整体上简约明快的轮廓形成了

比较鲜明的对比。而这些看上去相当繁复的镂空墙体，正是运用传统文化元素设计而成的。从根本上来说，它是以都江堰堤坝上常用的竹笼为原型来设计的，如图5-4。

图5-4 竹笼

竹笼是都江堰地区常见的一种堤防设施，它是用坚韧的竹篾编织成笼状的长筒套，并在其中填充石块以增加整体的重量和强度。将编织并填充完毕的竹笼固定于堤坝的迎水面，就能够起到巩固堤坝、阻挡洪波的作用。当然，在导水漏墙的设计中对竹笼网格进行了抽象化的处理，使其看上去更像是窗格了。很可能设计者在抽象化地提取"竹笼"原型的艺术元素时联想到了窗格，从而激发了灵感，将漏墙设计成了我们看到的形态。而从观赏者的角度来看，他们未必熟悉竹笼，但基本都会熟悉窗格。窗格在普通民众中显然有着更好的认知度与亲和力。而造成这一切的关键原因，就在于窗格和竹笼这两种事物之间有很大的相似性。

中国古代人们的生活节奏，尤其是统治阶级的生活节奏，与现代中国人有着很大的不同。他们的生活节奏明显要更慢，有着大量的空闲时间和闲情逸致来品味生活。就以窗格为例，它的主人可以要求木匠做成菱形、斜纹、万字纹、如意纹、椭圆、冰裂纹、方胜形、回字纹、回云纹、八角、方格、瓶形、十字、绳纹、井字等各种造型，为的就是在一瞥之间能够产生出各种联想和想象，兴发出各种各样的情趣和感受来。因此，传统窗格可能同许多事物相像。正是从这个意义上说，家居的窗格与防洪的竹笼有相似之处，是毫不奇怪的。

综上可见，古代的窗格多是以繁复和曲折为美的。而现代的窗格，则多使用直线化的简约构图。这可以视为对农耕文化与工业文化之间区别的一个小小的注解。前者更具有休闲意味，而后者更具有工业时代的科技理性特征。在城市的公园这样以休闲为主题的角落

第五章 环境艺术设计中的传统文化元素的运用

里,使用几何形状相对繁复的窗格造型来引发人们的想象和联想,使他们能够在休闲的过程中自由、灵动地自娱自乐一下,这无疑是彰显农耕文化休闲底蕴的良好设计方式。

上文阐述了环境艺术设计中窗格造型所展现的传统文化底蕴。其实,在中国古代,有许多专门性的环境艺术设计元素更值得我们去借鉴,比如漏窗。

在我国古代的造园思想体系中,有一项非常重要的手法,就是"借景"。通俗的说,"借景"就是借助一定的环境艺术设计手段,有意识、有目的地将园外的景物组织到园内的视景范围中来。当然,在园中也常常采用"借景"的手法。最常见的就是亭台楼榭的墙壁上开凿一扇漏窗,那么园中的景色就会被"借"到亭台楼榭中来了。这样的借景宛若呈现了一幅错落有致的图画,不仅能够以小见大,而且往往于平淡之处让人生出"柳暗花明又一村"的新奇、惊喜之感,从而带来无穷的意趣。当然,古代的漏窗多用于造园;而在今天,我们不仅能用它来造园,还能用来造厅、造馆、造店、造家。比如苏州博物馆中的漏窗,如图5-5。

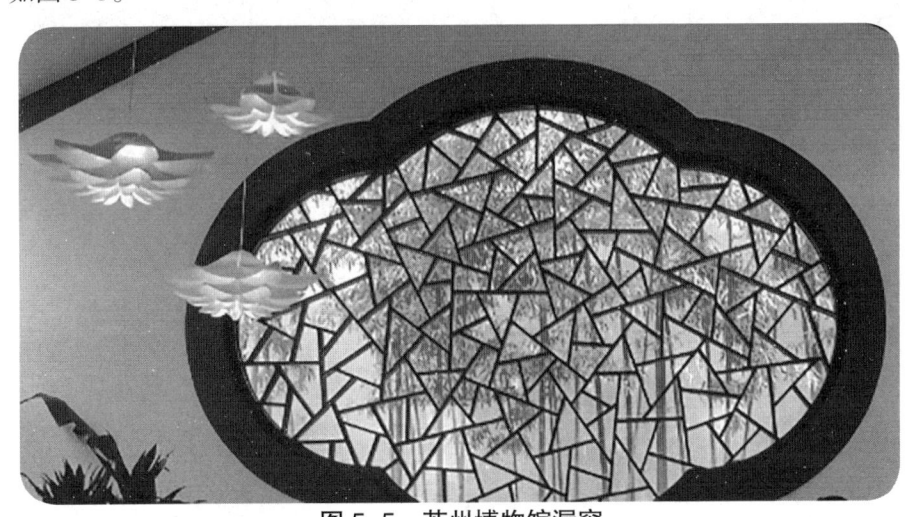

图5-5 苏州博物馆漏窗

苏州博物馆是著名美籍华人建筑师贝聿铭的杰作之一。贝聿铭非常推崇漏窗,他曾说过:"在西方,窗户就是窗户,它放进光线和新鲜的空气;但对中国人来说,它是一个画框,花园永远在它外头。"因此,在苏州园林的诞生地——苏州,设计它的博物馆,漏窗自然是不可或缺的元素。比如上面这个漏窗采用了空窗的形式,就非常得体地完成了"借景"的任务。素淡的白色墙面上镶嵌着一个用深色砖石材料贴脸收边的漏窗。一般来说,苏州园林的漏窗都不用特定的材料来贴脸收边,以便保持其自然的状态。而在此处,漏窗作了色彩对比度较强的贴脸收边设计,就是为了把它做得更像一幅画框,更符合现代生活的场景和意趣。而且,漏窗被做成了带有锐角的正六边形,一方面这更符合现代画框的形制特征,另一方面,也凸显了以隐喻性、装饰性为特征的后现代主义设计特点。在融合了后现代主义风格特征的"画框"式空窗当中，呈现出的则是青翠欲滴的数竿绿竹，可谓"以竹当窗"，尽显中国传统环境艺术设计的风雅底蕴。

可见，贝聿铭在漏窗的设计中进行了恰切得体的取舍，一方面他选择了漏窗的功能，因而能够从根本上表现出触传统设计文化"借景成画"的盎然意趣；另一方面，他对漏窗的形制进行了处理，采取了苏州园林传统漏窗不常用的贴脸收边设计，并有意将线条做锐化处理，从而彰显了后现代主义所提倡的装饰性特征，使漏窗更加符合当代人的审美习惯。因而，苏州博物馆内的这个漏窗，可以说在取舍之间将传统文化的底蕴与现代人的审美习惯有机地联系在了一起，堪称为环境艺术设计中融入传统文化元素的典范之作。

四、在显要位置突出传统文化元素

如图 5-6。

图 5-6 南京诸子艺术馆内景

在这个设计案例中，就较好地体现了"在显要位置突出传统文化元素这一设计原则"。首先，我们来看这个房间的整体布局，从屋顶的圆形大灯池，到粉刷洁白的墙壁、两侧的木皮装修，再到富有立体感的木皮地板。这个房间的整体布局到处洋溢着现代气息。然而，虽然这些现代的环境艺术设计元素在房间中似乎占据了绝对优势，但它们仍有一个非常严重的劣势方面，那就是它们处于封闭的空间之中，不具有自然采光的明亮之感。而匠心独运的设计者，则将自然采光的重任赋予了一个扇面形的传统漏窗。这个漏窗的设计采用了硬景花窗的样式，正是它将自然光引进了整个房间，使得房间里透进了明媚的自然光色。因而，这个漏窗虽然所占的面积不大，但因为采光的原因，却居于十分显要的地位。如果把整个房间比作人的面部,那么这个漏窗显然就是"眼睛",是整个房间布局的灵魂所在。因而,虽然室内充满了大量的环境设计元素,但它们都是传统漏窗这一"明亮眼睛"的陪衬。传统漏窗为主,而大量的环境设计元素为从,这种独特的主从关系,使得传统文化元素与环境设计元素在鲜明对比之中达成了和谐的统一。统一于什么呢?统一于自然、和谐、舒适。在此基础上,在漏窗之下,恰到好处地布置一座古色古香的条案,在两侧的木皮装修壁上挂上两幅行草字框,用来对冲环境设计的气息,并作为漏窗的辅助来加强传统文化的意味,起到了锦上添花的效果。

综上所述,传统文化元素用于显效的位置,就能够产生"以一当十"、"以一当百"的独特效果,即时整个房间看上去是现代艺术设计元素构成的,但显要处的传统文化设计元素仍能提示人们:它的灵魂却是传统的。

第三节　环境艺术设计中运用传统文化元素的创意方法

一、活用传统文化设计元素

在环境艺术设计中使用传统元素,要用出特色、用出创意来,就离不开"活用"二字。所谓"活用",就是指不拘泥与传统文化元素本来的形状、样态、材料、质地乃至用途等,而是创新性地赋予传统文化元素以新的样态或用途,如图5-7。

图例5-7　南京诸子艺术馆内景

在上面这个设计案例中，我们可以看到，室内的灯池、墙体、地板等处充斥着各种各样的直线和折线，富有环境艺术设计的简洁、大方之美。但在显要的墙体中间位置，设置了具有传统文化特征的隔扇与印鉴造型，开门见山地赋予了这件会客室以传统的文化底蕴和风格特征。

隔扇，也叫格子门，是带有用木棂条编织的网状窗格的一种门扇，是我国传统民居中常用的部件。隔扇通过木棂条之间的空隙来保持通风效果，又能以木棂条为粘合点糊上纸张或布帛，从而起到隔风避寒的作用。我们仔细观察上图就会发现，这里虽然用了隔扇造型，但却在隔扇的中下部有意拆除了部分棂条，形成了一些对称的"空挡"。为什么要这么设计呢？因为传统的隔扇，棂条编组的网状窗格是非常细密的。过于密，就容易呆板。这是一件具有会客室功能的房间，如果处于显要位置的隔扇造型中棂条过密图案过繁，就容易产生一种板滞、压迫之感。

因此，设计者转而采用了"掏空"的办法，将部分棂条撤除，将期间的空隙进行有规律的放大，就使得整个造型变得活泼、灵动起来。而且，这些由空隙放大形成的对称图案，多是齐整的矩形造型，有的还可视为两个矩形的交叉叠置，不仅具有现代设计的几何抽象感，而且可以引起审美主体的多义性联想。比如将其想象成墙砖、搓板、花朵等多种事物。这就在无形中平添了隔扇造型的观赏价值以及趣味性，也能够向来访的客人提示一种轻松、愉快的氛围。可见，对传统文化元素进行别出心裁的变形活用，就有望将传统文化与现代设计理念完美地融合在一起，给人带来多层面、多向度的丰富审美感受。

以上是活用传统元素的形制，除此之外，还能对其用途进行活用，如图5-8。

图5-8 月亮门造型的电视墙

上面的这个设计案例，属于室内环境的布局。从图中我们可以看到，这是一间融合了许多传统文化元素的客厅。月亮门又叫月洞门，是古典园林建筑"洞门花窗"体系当中一种非常优美、别致的造型。通常，月亮门都用于园林建筑当中，然而在这里，设计者却独具匠心地把他用在了电视墙当中。这就赋予了圆拱门以新的内涵，同时也赋予了整个客厅以全新的内涵。首先，圆拱门象征着如中秋之月一般的团圆美满，用在客厅当中是十分得体的，具有象征合家团圆、幸福美满的吉祥寓意；其次，圆拱门内套方形的等离子电视，它彰显了一种传统的处世哲学，即"外圆内方"，也叫"人生铜钱论"。因而，这样一种造型具有雅俗共赏的特点；最后，圆拱门向客人展示了一种布局的章法之美。俗话说："没有规矩，不成方圆"。而这里的设计也就套用了这句话，即"既成方圆，必有规矩"。因而，从这样的设计中，客人还有可能体会到主人是一个胸存规矩、洞明世事、练达人情的通达之人。

从上面的分析可见，月亮门的活用，就能带来多方面的环境艺术信息，引发客人的多重联想，品味出多重内涵，达到"简约而不简单"的良好效果。

二、善于运用富有传统内涵的植物

植物，是传统园林设计中不可或缺的组成部分。植物不同于其他环境设计元素的最大特点在于，植物是活的，在一定情况下也是能够"动"的，它象征的勃勃生机，是任何"死"的、静态的环境设计元素都难以比拟的。而且，在我国传统文化中，有许多植物都具有丰富的文化内涵，比如松树象征着坚贞不屈，梅花象征着傲岸倔强、菊花象征着隐逸情怀、兰花象征着君子之德、荷花象征着脱俗不染、翠竹象征着坚忍不拔等等。因此，善于运用具有传统文化内涵的植物，也是在环境艺术设计中融合传统文化元素的一种有效手段。

三、着眼于同现代光、电技术相融合

当代环境艺术设计，是在现代科技环境下进行的，需要接触到各种各样的光、电技术设施。因此，环境艺术设计者也需要研究光电设备与传统文化元素融合的可能性，有时就会产生奇异的设计效果，如图5-9。

从本质上来说，玻璃制造的镜子算不上什么光学技术设备。然而，在我国古代，是没有玻璃镜子的。虽然我国早在战国时期就掌握了制造玻璃的技术，但受工艺水平的制约，所造玻璃透光性很差，无法映出形象。直到清代雍正以后，从

图5-9 圆拱门式的镜子

西洋传入的玻璃镜子才开始小规模地运用于贵族阶层的家居之中。而镜子在我国普通居民家居中的普遍应用，则属于建国以后的事情了。因此，就古代传统的环境艺术设计而言，是很少接触到使用玻璃镜子的机会的。正是从这个意义上说，玻璃镜子相对于传统文化元素来说，可称为比较现代化的"光学技术设备"。

在上面的图例中，落地镜被设计成为圆拱门的形状。圆拱门，多用于传统的园林建筑中。由于镜子的反光作用，使得室内的器物与布局看上去仿佛就像园内的景物一样，令人产生"别有洞天"之感。其实，这也是继承了传统造园手法中的"借景"手法，属于间接借景。

比如，利用静止的水面来仰借天光云影之景就属于间接借景的典型手法。只不过，在这里设计者将水面换成了反射率更高的玻璃镜面，将园林的借景思维移植到了居室之中，利用镜面借了居室当中的"景"。利用光学折射现象，巧妙地拓展了居室的景深和空间感。而圆拱门样的镜子造型，又使得所借之景仿佛出自门内，为现代气息浓厚而略显清冷的居室平添了一份娴雅、幽默的意趣，堪称为将现代光学技术与传统文化元素进行"无缝对接"的典范案例。

第六章

中国环境艺术设计的本土化建构

第一节 空间形态的本土化

在中国历史上，南北朝时期宗炳的《画山水序》亦提出"山水以形媚道，而仁者乐"。仁者乐在山水，因其能以形貌体现自然之道。因为正是通过这种人观照天地而达于道的思辨过程，激发了人们对自然山水审美意识的觉醒。

寄情山水和崇尚隐逸并行而出，隐逸在中国由来已久，老庄哲学中的崇敬自然超然物外的思想，儒家的合行藏、舒卷自如的处世原则，都可促使士人归隐。孔子说："邦有道，则仕，邦无道，则可卷而怀之"，又说："贤者避世，其次避地"。

在陶渊明归隐田园思想出现以前，高士们大都本于老庄方外之隐的思想，在离世绝俗的山林中修道成仙。这从当时的招隐诗、游仙诗中可看出这一点。如陆机在一首《招隐诗》中写道："踯躅欲安之，幽人在浚谷。朝采南涧藻，夕息西山足。轻条象云构，密叶成翠幄。激楚伫兰林，回芳薄秀木"。高士栖息的隐居环境，林木高耸，茂密的树叶形成绿色帷幄。郭璞在他的《游仙诗》其一中说："京华游侠窟，山林隐遁栖。朱门何足荣，未若托蓬莱，临源挹轻波，陵冈掇丹荑。灵溪可潜盘，安事登云梯"。诗中指出山林隐栖中自有仙境，何必真去求仙。所以，隐士在自然空灵、草木葱茏、林水翳然的隐居环境，更容易达到高蹈尘外的境界，自然山水林木成为士人追求冥寂超俗的代表环境。

对自然山水的游赏也促进了山水文学、山水画、山水园林的长足进展，山水诗文大量涌现，谢灵运、陶渊明是山水田园诗的代表人物。绘画方面，开始出现独立的山水画。宗炳在《画山水序》中提出"畅神"之说，主张山水画创作借助自然山水形象，抒发胸怀，达到主观和客观的统一。自然的功利象征意义逐渐淡化，由原始的宗教崇拜对象转化为审美对象，不仅赏心悦目，而且畅情抒怀，刘勰在《文心雕龙·神思》中说："登山则情满于山，观海则意溢于海"。士在自然中领悟宇宙、历史、人生的精蕴，在游赏山水之际完善自己，体悟深沉的使命感，人与自然完全和合一致，山水不仅是自然界最典型的景观，而且具有德行，热爱山水，是人和天地宇宙亲和一致的表现，也是一种高尚的情操。

而山林田园都是雅士体悟自然的审美对象。"简文入华林园，顾谓左右曰：会心处不必在远，翳然林水便自有濠濮间想也。觉鸟兽禽鱼，自来亲人"（《世说新语》），所以文人雅士并非一定要在幽深绝俗的山林中完善自己，体味人生，使心灵化入宇宙最深处；在自家的丘园中一样可以俯仰自得。东晋士族都有大规模的庄园，集山林田园于一区。这种以创造幽美的生活环境为目的的庄园，因士族对自然生活的追求而被要求具有自然的风格。返归山林田园就是摒除虚伪矫饰，保持人性的淳朴，人的自然天性与自然界的天然存在冥合为一，即是"顺万物之性"。因此寄情山林田园就是返归自然。中国古典园林美学观也就是在这个时期形成的。人们崇尚自然，力图开掘自然美的奥秘。在以后对诸如意境、构图、手法等方面的探索，都是在这个基础上发展起来的。

第二节　本土历史人文因素在环境艺术设计的运用

一、儒家美学思想在环境设计中的应用

（一）"仁者爱物"思想在环境设计中的应用

儒家美学的核心是"仁"，实质上是追求人与人、人与环境之间的和谐共处。儒家美学"仁"的理念中有"己欲立而立人，己欲达而达人"（《论语·雍也》）、"己所不欲，勿施于人"（《论语·卫灵公》），都是谈人与人之间的关系的。环境艺术设计师在面对设计需求时，面临的最大问题就是要在设计的相对美形态和人性需求之间做一个折中选择，往往这个问题处理不好，环境艺术设计活动就无从谈起。设计的相对美形态与人性需求之间的矛盾在国内外的环境艺术设计活动中都是一个主要矛盾。如果用儒家美学中"仁"的观点解决这个问题，结果会变得比较理想。

《礼记》记载："断一树，杀一兽，不以其时，非孝也。""开蛰不杀当天道也，方长不折则恕也，恕当仁也。"这些美学理念充分体现了儒家美学道德理念对"仁、义、礼"

的强调，这种仁爱自然万物的思想正是现代环境艺术设计必须遵循的设计美学法则，是现代环境艺术设计最需要培养的，它使设计造物在人的需求与自然资源之间求得生态伦理上的平衡。人们只有具备仁爱精神，才能做到"应之以治则吉""强本而节用，则天不能贫；养备而动时，则天不能病；修道而不贰，则天不能祸"（《荀子·天论》）。在环境艺术设计中，应把"爱物"体现在"循道不妄行"上，把"仁爱"体现在"不为物欲所役使"上，将道德观念与艺术设计审美结合在一起。

儒家美学是以"仁学"理论为基础的美学思想，具有极浓的政治色彩，同时也构建了一定的理性精神与民主系统。体现为人格美为"仁学"的核心基础，艺术美与自然美是对人格美的自然延伸与发展。儒家美学的基本理念是"仁、义、礼"。仁学，确立了人的主体性，提倡尊人之道、敬人之道、爱人之道和安人之道，《论语》中上百次地提到"仁"，体现了"仁"的理念本身就具有审美性，具有非概念的多义性、活泼性和无穷尽性，这也寓意着人的最高境界即是审美。

（二）"尽善尽美"思想在环境设计中的应用

尽善尽美的美学思想是孔子在《论语·八佾》里评论美善关系问题时提出的具有深远意义的看法和重要审美标准，"子谓韶：'尽美矣，又尽善也。'谓武：'尽美矣，未尽善也。'"它不仅属于一种针对特定审美对象的审美标准，而且是中国传统美学的核心思想之一。在中国，很长时间以来大家认为善即是美、美就是善，二者混沌不分。孔子第一次把美与善明确、系统地区分开来，对艺术设计之美与人们所追求向往的善，孔子提出了既统一又有区别的观点。从物体本质上讲，"美"通常是指能直接引起人们生理与心理变化的感性形式，是社会中每一个个体的包括审美在内各种感性心理欲求的外化；"善"则是体现伦理道德精神的观念形态，是特指社会性伦理道德观念的积淀。这种区分实质上是将儒家至善至美的德行，形象地贯穿到了美学思想理论中。"美"是事物的外在形式表现，"善"表达的则是事物的内在美，也是理想型事物的最终体现。孔子认为"美"的东西不一定是"善"的，"善"的东西也不一定是"美"的，只有将"美"与"善"统一起来才是最完美的追求。即只有形式与内容统一，才是环境艺术设计的最高美学境界。

子曰："天何言哉，四时行焉，百物生焉，天何言哉！"其意指设计造物活动是动态的发展过程，造物的对象在这个过程中被创造出来，并服务于其他的造物活动直至消亡。设计的各种因素和各个环节都被动态地统一在一起。设计过程不再是孤立静止的，而是运动变化着的。

(三)"中和之美"思想在环境设计中的应用

数千年以来,中国美学界一直把孔子思想的"思无邪"作为审美标准,人们在全面、准确地研究孔子的审美标准以后,发现孔子继承和发展了前人"尚中""尚和"的思想,形成了独特的中和之美的美学思想,并在此基础之上提出了"中庸"的美学原则。"中"是指力求矛盾因素的适度发展使矛盾统一体处于平衡和稳定状态,"和"就是多样或对立因素的交融合一。具体地讲,中和之美就是指结构和谐、内部诸多因素发展适度的一种美的形式。

孔子的中和之美思想强调情思的纯正和情感的恰当表现,并提倡以适中、适度为原则,最终形成和谐统一的平和美。无论对自然美、社会美还是艺术美,孔子的美学思想均是从中庸原则出发,以"中和"作为审美标准的。中和之美是他的最高审美理想,也代表了多数人的审美趣味和愿望,对环境艺术设计产生了巨大的影响。

(四)"礼"思想在环境设计中的应用

中国传统美学思想中除了包括对艺术作品审美的追求外,还包括人类的行为所应该遵守的"礼"。在孔子思想确立以前,"礼"和"乐"都受到重视,但是两者是分开谈论的,谈"礼"就是"礼",谈"乐"就是"乐"。到了孔子思想确立之后,把"礼"和"乐"这两者统一形成系统的体系,成为礼乐思想。礼乐思想中的"乐"是要为"礼"服务的,"礼"在中国传统文化中是和地位结合在一起的。孔子在他的礼乐思想中主张等级制度,不同地位、不同等级的人所享受的待遇和拥有的权力是不相同的。

孟子的美学思想在很大程度上可以说是孔子美学思想体系的继续。在孟子所著的《孟子》七篇中,除了对尽善尽美、中和之美和礼乐思想做了进一步的阐述提升以外,还首次提出了"美"的定义,极大地丰富和延续了儒家的美学思想。

(五)"天人合一"思想在环境设计中的应用

儒家美学的天人合一思想最早出现在《易传》《中庸》中。以德配天的思想是西周时期的神权政治学说,这一思想内涵主张人要与自然环境相互适应、相互协调。作为中国传统美学主流思想的儒家美学、道家美学及禅宗美学都主张天人合一,虽然这三家美学思想在内涵上各有所指,但其主张人与自然和谐共生的思想是一致的。

从生态伦理学的角度来看,儒家美学认为天人合一中的"天"是指"自然之天",是广义上所指的自然环境,'人'指的是文化创造及其成果。所谓天人合一,主要是指人类和自然环境应该和谐共生、密不可分、共存共荣、相互促进、协调发展,这就是天人合一;这也是天人合一的宇宙观,它解释了人在宇宙中的角色和位置,人不是大自然的奴隶,也不是自然环境的主宰者。因此，在现代环境艺术设计中，我们要树立一种天人共生一体的观念，破坏自然环境就等于毁灭自身。这种朴素的天人合一的宇宙观正是现代环境艺术设计生态美学价值系统的逻辑起点。

儒家美学万物一体思想的核心是和谐秩序观。"大人者，以天地万物为一体者也，其视天下犹一家，中国犹一人焉。若夫间形骸而分尔我者，小人矣。大人之能以天地万物为二体也，非意之也，其心之仁本若是，其与天地万物而为一也。"（王守仁《大学问》）这种美学意指在环境艺术设计中，要在设计意识、设计理念及技术手段上，用全球一体化的眼光发展本土化、民族化的设计，体现传统美学内涵、民族的特色，以求同存异、和而不同的心态加强国际合作。

天人合一设计美学与环境艺术设计中的可持续性设计理念相通。孔子首先提出了"仁爱万物"的主张，这一美学思想协调了人与自然环境的关系，把人的道德原则扩展到了自然环境的生态中去。

（六）"克己"思想在环境设计中的应用

儒家美学的"克己复礼"思想是孔子在对人的伦理道德塑造中提出的概念，重点在于"克己"，就是克制私欲膨胀。世界发展带来的环境危机，大多数是人类为满足自身私欲而产生的。环保生态理念的呼吁愈演愈烈，产生与发展于人类生活的各个角落。

在环境艺术设计中融入环保生态理念，就要先从设计师本身实现"克己"，再实现环境艺术设计作品的"克己"。

作为环境艺术设计师，要从"克己"入手树立强烈的生态环保观念，在设计中更多地加入生态环保元素。"克己"对设计成本提出了更高的要求，不仅需要更多地关注设计理念中生态环保的思维方式，还需要更多地投入生态环保材料。"克己"观念在儒家美学看来，是一种"义举"，是在舍弃自身需求的前提下，满足其他人、事物需求的最佳处理方法。对于环境艺术设计师来说，树立和形成生态环保理念，直至使其成为自己的设计习惯，需要大量学习生态环保知识，进行生态环保实践研究，舍弃更多的非生态环保设计思维和方式，舍弃更多的商业利益追求。实现更健康、更环保、更生态的人居环境是环境艺术设计师的责任。

在环境艺术设计师树立自身生态环保理念的同时，生态环保的设计作品也自然随之不断产生。生态环保的环境艺术设计作品，主要从空间设计促成生态环保的生活方式和保持材料健康生态两个方面来表现。在环境艺术设计作品的空间设计中，应以"克己"作为设计的基础。在空间环境设计中，应尽量物尽其用，不让任何一个空间浪费。密集的人口和快节奏的生活是人类社会未来的发展趋势，节省资源和简化生活轨迹就成为生态环保概念的一部分。对空间环境的充分利用,减少生活、工作的空间环境中的烦琐部分,就成为空间环境设计规划的重要内容。在设计的材料选择上,应忽略材料价格上的差别而专注于生态环保材料的选用,生态环保材料对人的健康生存有利,而且可以有效减少对大自然无限制的索取和利用。

二、道家美学思想在环境设计中的应用

(一) "道法自然"思想在环境设计中的应用

道法自然是道家美学最基本的核心内容,"自然""天文"和"人文"的概念是在先秦时期提出的,"观乎天文,以察时变;观乎人文,以化成天下"(《周易·贲卦第二十二》)。观察天道运行规律,以认知时节的变化;注重人事伦理道德,用教化推广于天下。"人法地,地法天,天法道,道法自然。"(老子《道德经》第二十五章)简单阐释为人要以地为法则,地以天为法则,天以道为法则,道以自然为法则。

道家美学研究分析了人类和宇宙中各种事物的矛盾之后,精辟涵括、阐述了人、地、天乃至整个宇宙环境的生命规律,认识到人、地、天、道之间的联系。宇宙的发展是有一定自然规则的,按照其自身完整的变化系统,遵循宇宙自然法则。大自然是依照其固有的规律发展的,是不以人的意志为转移的。所以,大自然是无私意、无私情、无私欲的,也就是我们提倡的所谓道法自然。

(二) "大象无形"思想在环境设计中的应用

"大音希声,大象无形,道隐无名。"(老子《道德经》第四十一章)理念诠释了人类对待事物的审美应当有意化无意,大象化无形,不要显刻意,不要过分主张,要兼容百态。

(三) "贵柔尚弱"思想在环境设计中的应用

"贵柔"而致"尚弱"(老子《道德经》第五十一章)。老子思想中曾提出事物本没有相互对立,事物都是互相联系、互相依存、互相转化的。静和动是可以互相转化的,柔弱的事物在一定的条件下可以变得刚强,变得坚韧有力。主张用柔弱来战胜刚强,阐述了以静制动、以弱胜强、以柔克刚、以少胜多的思想理念。

(四) "游之美"思想在环境设计中的应用

道家美学中"游"的思想理念,是指人的精神基于现实所能达到的至高至极的自由状态,是忘己、无我、忘物的统一,消减了人的价值观和是非观,是自然纯粹的精神状态。"游"的美学精髓是"道"作用于人的时间,进一步彰显了"大美"的内涵和道家美学思

想的现实意义。

(五) "清之美"思想在环境设计中的应用

道家美学中"清"的思想理念，作为自觉的文化审美追求，是审美意识的最高境界。这一审美意识直接影响个体和民族群体审美观念的形成与审美趣味的取向，中国传统文化中对"清"的审美追求是无止境的。"清"是中国传统美学思想中的一个重要范畴理念，老子的《道德经》第三十九章提出："昔之得一者—天得一以清，地得一以宁，神得一以灵，谷得一以盈，万物得一以生，侯王得一以为天下正。其致之也，天无以清，将恐裂；地无以宁，将恐废；神无以灵，将恐歇；谷无以盈，将恐竭；万物无以生，将恐灭；侯王无以正，将恐蹶。"天之所以"清"，在于它的"得一"，"得一"即是得到了"道"，"清"和"宁"便是得"道"的结果。《庄子·外篇·天地第十二》曰"夫道，渊乎其居也，漻乎其清也。"《庄子·外篇天地第十五》曰："水之性，不杂则清，莫动则平；郁闭而不流，亦不能清：天德之象也。"由此可见，道家美学最早是用水的清澈与渊深来寓意"道"的自然本性的，"清"即是"道"的特征，"清"寄托了道家美学对大道之美的追求。

(六) 辩证思想在环境设计中的应用

1. "虚"与"实"

虚实结合的美学理念认为，艺术创作时虚实结合才是艺术创作的内在规律，才能真实地反映有生命的世界。无画处皆成妙境，无墨处以气贯之，这是"虚实相生""计白当黑"的美学反映。"此时无声胜有声""绕梁三日，不绝于耳"是有声之乐的深化与延伸。这些其实都是道家美学"大音希声，大象无形"的具体发展。"实"与"虚"的美学思想在传统美学设计手法中也有深刻的体现。

2. "动"与"静"

(老子《道德经》第十六章) 道家美学认为，自然界的根本是清静无为的。尽量使自然万物虚寂清净，则万物一定蓬勃生长。自然万物纷纷芸芸，各自返回到它们的根源，这就叫清净，清净就是复归于生命。表明了道家美学提倡万物作守清净的道理。

道家美学认为，宇宙是阴阳的结合，是虚实的结合，宇宙自然万物都在不停地变化、发展，有生有灭、有虚有实。中国传统室内环境布局的特点，也是运用"计白当黑"的美学思想，通过内部空间的灵活组合来完成对空间布局、立面造型及家具陈设等的艺术处理的。

3. "有"与"无"

"天下万物生于有，有生于无"（老子《道德经》第四十章）。"有"和"无"构成了宇宙万物，如地为有，天为无，地因天存，天因地在，缺其一则无另物。世间万物都是"有"和"无"的统一，或者说是"实"和"虚"的统一，统一即是美的境界。

第三节　本土建筑装饰材料在环境艺术设计的运用

一、隐喻方式装饰

（一）方位

1. 用颜色来象征方位

在中国古代传统文化中，黄色代表中央方位（被认为是最尊贵的方位），在其他东南西北四个方位中，青色代表东方，红色代表南方，白色代表西方，黑色代表北方。之所以有这种文化是与"五行学说"有关。

2. 用八卦来代表方位

熟悉古代八卦的人，一看到是哪个卦位，就可直接判断这是什么方位。如当看到坎卦图石时，就知道它位于城之北。唐高宗李治与女皇武则天的合葬墓称为乾陵，乾为帝，又表西北之意，以此陵肯定位于西安古城的西北方。

阳，下为阴。例如：北京古城有四大祭坛，分别祭祀天、地、日、月，各坛的布局按其性质而定，天坛位城之南，地坛处城之北，日坛置城之东，月坛在城之西。又例如山南为阳，山北为阴，水北为阳，水南为阴，华阴即在华山的北面，衡阳即在衡山的南面，沈阳在沈水（浑河）的北面，江阴在长江的南面。

（二）物象

1. 华表

华表常置于皇家建筑群的前端，有表崇尊贵、显示隆重和强化威严的作用，是皇家建筑群的象征。在旅游景点中，只要一见到华表，就知道前面一定是皇家建筑群。

在北京天安门前后各有一对雕刻精美的华表，每个华表柱顶上都雕有承露盘，盘中雄踞着一头名为"犼"的怪兽，传说犼忠于职守，用此意在警戒。但民间的神话传说可能更合民意，说天安门前的那对石犼称作"望君归"，意在告诫帝王天子不要在外沉迷于山水，应尽快回朝料理政务；天安门后的那对石犼谓之"望君出"，希望帝王不要沉溺宫内的享乐，应多走向民间了解民情。

2. 太平有象

"太平有象"是一种意愿性的象征物，常设于皇帝宝座两旁。其具体形象是：下为一只四足粗壮的大象，上驮一宝瓶，瓶中盛有五谷和吉祥物。古人认为，大象是吉祥之物，能逢凶化吉，遇难呈祥，是和平与幸福的象征；此外，大象四腿粗壮，直立如柱，稳若泰山，固如磐石，所以用以象征社会安定和皇权稳固。

大象寓意"景象"，而宝瓶寓意"太平"，这样大象、宝瓶与五谷组合而成的"太平有象"，就象征着天下太平、五谷丰登、喜庆有余、吉祥如意。

3. 五欲供

在河北遵化的清东陵，乾隆皇帝的裕陵地宫中可见五欲供图像。"五欲供"是佛教供器，分别是明镜、琵琶、涂香、水果、天衣。

佛教认为，人体的五种感觉器官一眼、耳、舌、鼻、身，可以感受到能破坏人们种种善事而修不得正果的五欲一色、声、香、味、触，那么就通过明镜、琵琶、涂香、水果、天衣等五件供器，将五欲由抽象转变为具体形象，如眼睛可以从明镜里看到"色"；耳朵可以从琵琶中听到"声"；鼻子可以从涂香闻到"香"；舌头可以从水果中尝到"味"；身体可以从天衣中有所"触"。佛教把五种感官所感受到的"五欲"称为"五箭"，要求信徒禁止五欲、戒除五欲。

4. 鼎

鼎的出现可以上溯到远古的五帝时代。商周时期作祭祀礼器的鼎大都用青铜铸成，常为圆腹、两耳、三足形状，并上铸有铭文。人们传说，黄帝曾铸三鼎，象征天、地、人；夏禹收九州之金铸成九鼎，象征九州；夏、商、周三代将鼎奉为传国之宝，商取代夏、周取代商的王朝更替中，都是以夺得九鼎为目的，因为那时鼎已被用来象征政权、国家和江山社稷，所以"问鼎"成为图谋王位、夺取政权之意，"定鼎"则成为建朝或定都之意。

在北京故宫太和殿的台基上列置有18个"鼎"形焚香炉，如图7-14所示，露台上置有龟、鹤形状的焚香炉，三者共同象征着"江山永固"。

二、对立统一装饰

（一）示尊卑

在森严的等级制度下，显示尊卑就成了中国古建筑中被突出强调的社会功能。所以，无论是在数字、色彩、高低、大小、方向、位次，或是材质、装饰、结构形式等方面，处处都显示以阳为尊、以阴为卑的尊卑关系，在北京故宫中，前朝用阳数，后寝用阴数就是其中一例。

（二）明方位

在古代，特别是宋太祖采取了抑制武将、推崇文臣之官制，文官的地位从此得到了提高故北京故宫的文华殿在东，武英殿在西；大朝之日，百官按文东武西的顺序入午门。

北京紫禁城东、南、西、北的四周城门的门洞（共14个）都为内圆外方，其深层的文化内涵，就是以"天圆地方"的观念象征君臣、君民之间上尊下卑之礼制。

（三）分上下

陵墓从其阴阳属性来说属阴，既然是阴宅，根据上为阳下为阴之说就应该在地下，所以中国历来都实行深葬制度；更引人注意的是，自古以来，我国古代建筑一直以木结构为主体，这是由于人居之地必须为阳，木属阳，但砖石属阴，故而阴宅（墓葬）则都为砖石结构。

进而认为，凡楼阁则以上为尊，下为卑，一般上面供佛或收藏佛经、书画，下面堆放杂物。如上海玉佛寺的藏经楼一上面供奉玉佛和藏经，下面为方丈室。

（四）别正邪

阴阳观念中以正为阳，邪为阴，故在古建筑的装饰中，往往用百般威猛的阳物来作建筑的镇邪之物，如大门口的石狮、门铺上的椒图、殿脊、殿脊上的螭吻，以及飞檐翘角上的仙人走兽等。在佛寺天王殿内，四大天王横眉怒目、姿态威严，而被其踏在脚下的鬼怪则呈现出惊惧之状，正邪之别一清二楚。又如浙江杭州岳飞墓墓阙后两侧有四个铁铸奸贼像（秦桧、王氏、张俊、万俟卨），反剪双手，面墓而跪，形成正邪鲜明的对比。

三、民俗意愿装饰

（一）瓦与砖

1. 瓦

瓦是中国古代建筑主要的屋面材料。中国的陶瓦出现于西周，有板瓦、筒瓦、半圆瓦当和脊瓦等。那时的瓦是用泥条盘筑法烧制，先制成筒形的陶坯，然后剖开筒，入窑烧造。四剖或六剖为板瓦，对剖为筒瓦。中国历代瓦的各种装饰纹饰非常丰富，留下了许多精美的瓦当图案，成为建筑装饰的重要手段。

在宋代的《营造法式》中有"瓦作",记录了铺瓦、瓦和瓦饰的规格和选用原则。清代的瓦作内容大增,在清工部《工程做法》中的"瓦作"一项中,除上述内容外,还包括宋代属于砖作的内容,如砌筑基墙、房屋外墙、内隔墙、廊墙、围墙、砖墁地、台基等。

板瓦是仰铺在屋顶上,筒瓦是覆在两行板瓦之间,瓦当是屋檐前面的筒瓦的瓦头。战国时,半瓦当都印有花纹,并有了圆瓦当。秦国的圆瓦当上出现了卷云纹图案,沿用了很长时间。汉代用"延年益寿""长乐未央"等作为瓦当的纹饰。唐代时屋檐前的板瓦上有了"滴水瓦",板瓦有了滴水和瓦当组合在一起,可以防止雨雪侵蚀屋檐和墙壁。琉璃瓦最初只用于檐脊而不用于整个殿顶,到了宋代,才出现了满铺琉璃瓦的殿顶,从而使建筑物增加了绚丽华贵的色彩,但是一直到清代,民间都是不准用琉璃瓦的。

2. 砖

宋代《营造法式》中的"砖作"部分,记述了砖的各种规格和用法,用砖砌筑台基、须弥座、台阶、墙、券洞、水道、锅台、井和铺墁地面、路面、坡道等工程。

砖的出现比瓦要晚得多,最早的砖有方形的、曲形的和空心的。砖成为中国建筑最主要的建筑材料,是砌墙的主要材料。方砖多用于铺地面或屋壁四周的下部。铺地砖没有纹饰,包镶屋壁的砖多带有几何图案,还有雕刻有收获、猎渔、煮盐、宴乐等图案的画像砖。

砖雕是中国古代建筑最重要的装饰手段,千奇百怪、多姿多彩的砖雕是中国建筑匠师聪明才智的体现。明清建筑中的如意门、影壁、透风、花墙以及清水脊上均有雕砖装饰。早期在制砖坯时塑造然后烧制成花砖,逐渐变成在砖料上进行雕刻。从事这种雕砖专业的,称为花匠。雕刻手法有平雕、浮雕、透雕等,南北手法不同,各有特色,是中国古代特有的建筑装饰。

(二)鸱吻与仙人走兽

1. 鸱吻

鸱吻(又叫"螭吻")是指中国传统建筑屋顶上屋脊两端的装饰物,其形状为龙头鱼尾,头朝内张嘴咬吃屋脊,尾部上翘作卷曲状。鸱相传是龙的九子之一,能喷浪降雨。中国古代建筑多为木构,最怕火灾,于是将鸱置于房顶以镇火。《太平御览》中有记载:"唐会要目,汉相梁殿灾后,越巫言,'海中有鱼虬,尾似鸱,激浪即降雨',遂作其像于尾,以厌火祥。"但是传说这鸱有一个毛病,喜欢吃屋脊,所以又叫"吞脊兽"。既要靠它镇火,又怕它把屋脊吃了,于是用一把宝剑插在它的后脖子上,不让他把屋脊吃下去。于是这鸱吻的脑后便有一把剑柄,只不过各地的做法不太一样。

古代传说,"螭"是头上没有角的龙,所以螭吻形象是没有龙角的。螭吻所在的部位是众脊汇集之处,在结构上是为了使众脊衔接牢固稳定,并防止雨水渗入,就得把这部分压紧、封死，所以螭吻（蚩尾）在这里既是一件装饰件，又是一件结构件。据载北京故宫太和殿的螭吻重达 3650 千克。

2. 仙人走兽

在中国古代建筑特别是宫殿建筑中，飞檐翘角上常塑有一个个排列有序的小动物和仙人，通常是仙人在前，走兽列后，这就是"仙人走兽"。

仙人走兽有着严格的排列次序：仙人、龙、凤、狮、天马、海马、狻猊、押鱼、獬豸、斗牛、行什（即猴子），共为 11 个。

这种在飞檐翘角上呈列队排列的仙人走兽，在传统建筑中除了装饰之外，还具有三大作用：

（1）表示等级大小。建筑物等级越高，仙人走兽的个数就越多，一般为奇数，如 11、9、7、5、3 等。随等级递减时，即由行什、斗牛、獬豸、押鱼等，依次向前递减，减后不减前。游览古建筑时，游人们抬头一望数其个数，就能知道其等级高低。

（2）具有防锈、防漏的功能。飞檐翘角的戗脊上都盖有瓦，但因翘角高翘，瓦容易滑下，所以这些瓦中都有一孔，以此用木栓或铁钉把瓦固定在戗脊上，为了防锈、防漏，于是在钉之上再压一件装饰兽。

所以，屋顶上一系列生动有趣的吻兽、脊饰，是屋脊交接点或脊端节点的构造衍化。螭吻、垂兽、戗兽和仙人走兽等，实质上都是用来保护该部位的木栓或铁钉，是对构件的一种艺术加工。但这一艺术加工又往往与等级制度、防火压邪等思想观念紧密地结合在一起，真可以说是一件具有多功能的结构件和内涵丰富的装饰件。如此多姿多彩的建筑艺术，不能不让人深感中华文化的博大精深。

（3）暗含逢凶化吉。从传统思想和古代文化上来说，仙人走兽还具有化凶为吉、灭火压邪的作用。具体指的是：

仙人—逢凶化吉；龙、凤、天马、海马—吉祥之物；狮、狻猊—避邪之物；押鱼—灭火之物；獬豸—执法兽；斗牛—消灾灭火；行什—降妖。

（三）石雕

中国石材资源丰富，石雕作品种繁多，源远流长。在中国古代的宗教建筑、宫殿园林、陵墓祀祠中留下了无数精美绝伦的建筑石雕。

石雕台基在高级建筑中多做成雕有花饰的须弥座，座上设石栏杆，栏杆下有吐水的螭首。石柱础的雕刻，宋元以前比较讲究，个别重要建筑用石柱雕龙，如山东曲阜孔庙的雕龙石柱，非常有名，也有的石柱雕刻力士仙人、传统故事。闽南一带石雕工艺发达，各大庙宇石柱雕刻很多。石栏杆基本是仿木构造，宋、清官式建筑均有定型化的做法，只在望柱头上变化形式。但园林和民间建筑中石栏杆形式变化极多，不受木结构原型的限制。

高级建筑的踏步中间设御路石，上面雕刻龙、凤、云、水，与台基的雕刻合为一体。北京故宫保和殿台基上的一块陛石，雕刻着精美的龙凤花纹，重达200多吨，是目前留存最大的建筑石雕作品。故宫现存的石刻种类繁多，大至宫门前满雕蟠龙、上插云板、顶蹲坐龙的华表，小至雕成金钱状的渗水井盖，都有独到的艺术处理。

建筑石雕绚丽多彩的艺术风格和样式，成为中国石雕艺术宝贵的遗产，其中以河北曲阳和福建惠安的石雕工匠最为有名。

第四节 本土植物在环境艺术设计中的运用

戚尔逊在1929年写的《中国—花园之母》的序言中说："中国确是花园之母，因为我们所有的花园都深深受惠于她所提供的优秀植物，从早春开花的连翘、玉兰；夏季的牡丹、蔷薇；到秋天的菊花，显然都是中国贡献给世界园林的珍贵资源。"

据1930年统计，英国邱园引种成功的园林植物为例，即可发现原产华东地区及日本的树种共1377种，占该园引自全球的4113种树木的33.5%。据苏联统计，在苏联栽培的木本植物，发现针叶树种原产于东亚者40种，占全数的24%；阔叶树种原产于东亚者620种，占全数的34%。分布地区北自列宁格勒，南到索契和巴图米。亚热带湿润地区的最重要果树、经济作物和绿化、美化树种是由中国的乔灌木所组成的。这可以说明，中国木本植物在苏联园林中也占有极大的比重。英国爱丁堡皇家植物园拥有2.6万种活植物，据作者1984年夏统计，其中引自中国的活植物就有1527种和变种。如杜鹃属306种、枸子属56种、报春属40种、蔷薇属32种、小檗属30种、忍冬属25种、花楸属21种、槭属20种、樱属17种、荚蒾属16种、龙胆属14种、卫矛属13种、百合属12种、绣线菊属11种、芍药属11种、醉鱼草属10种、虎耳草属10种、桦木属9种、溲疏属9种、丁香属9种、绣球属8种、山梅花属8种等。大量的中国植物装点着英国园林，并以其为亲本，培育出许多杂种。因此，连英国人自己都承认，在英国花园中，如没有美丽的中国植物，那是不可想象的。正因为如此，在花园中常展示中国稀有、珍贵的树种，建立了诸如墙园、杜鹃园、蔷薇园、槭树园、花楸园、牡丹芍药园、岩石园等专类园，增添了公园中的四季景观和色彩。

墙园源于引种抗性较弱的植物及美化墙面。邱园近60种墙园植物中有29种来自中国，其中重要的有紫藤、迎春、木香、火棘、连翘、蜡梅、藤绣球、冠盖藤（图7-23）、钻地风、狗枣猕猴桃、小木通、粉花绣球藤、女娄、木通、黄脉金银花、红花五味子、黑蔓、素方花、凌霄、粉叶山柳藤、绞股蓝等。

邱园的牡丹芍药园中有11种及变种来自中国，其中5种木本牡丹全部来自中国。如紫牡丹、黄牡丹、牡丹、大花黄牡丹、紫斑牡丹、金莲牡丹、银莲牡丹、波氏牡丹。草本珍贵种类如白花芍药、川赤芍、草芍药等。

槭树园中收集了近50种来自中国的槭树，成为园中优美的秋色树种。如血之槭、青皮槭、青榨槭、蔬花槭、茶条槭、地希槭、桐状槭、红槭、鸡爪槭等。

岩石园中常厅原产中国的枸子属植物及其他球根、宿根花卉及高山植物来重现高山植物景观。如匍匐枸子、黄杨叶枸子、矮生枸子、小叶黄杨叶枸子、平枝枸子、长柄矮生枸子、小叶枸子、白毛小叶枸子等。平枝枸子还常用来作基础栽植和地被植物，深秋季节，果和叶均红艳夺目。

中国植物为世界园林培育新的杂交种中起到了举足轻重的作用。如杂种维氏玉兰的亲本就是原产中国的滇藏木兰和玉兰。杂种荚蒾的亲本就是原产中国的香荚蒾和喜马拉雅的大花荚蒾。很多杂种杜鹃的亲本都是原产中国的高山杜鹃。如杂种杜鹃的亲本就是中国的隐蕊杜鹃和密枝杜鹃现代月季品种多达2万种，但回顾育种历史，原产中国的蔷薇属植物起了极为重大的作用。

原产中国的野蔷薇和光叶蔷薇是欧洲攀缘蔷薇杂交品种的祖先。此外，还有木香、华西蔷薇、刺梗蔷薇、施氏蔷薇、大卫蔷薇、黄刺玫、黄蔷薇、报春刺玫和峨眉蔷薇等都曾引入欧美栽培和进行种间杂交培育新品种

1937年后，一些重瓣的山茶园艺品种从中国沿海口岸传到西欧，至今已培育出新品种3000个以上。但在近年来，在欧洲最流行的是从云南省引入的怒江山茶及怒江山茶与山茶的一些杂交种。这些杂交种比山茶花更为耐寒，花朵较多，花期较长，且更美丽动人，深受欧美人士喜爱。美国近30年来搜集了山茶属及其近缘属的许多野生种与栽培品种。他们利用这批包括山茶属20个种和4个近缘属植物71个引种材料作为主要杂交亲本，经过十多年的努力，终于在全世界首次育成了抗寒和芳香的山茶新品种，并正式投入种植。在这项工作中，我国丰富的山茶种质资源所起作用尤其大。比如培育芳香山茶新品种的杂交育种中，我国的茶梅、连蕊茶、油茶和希陶山茶等4种都起了巨大的作用。自从1965年我国发现金花茶后，世界各国竞相引进金黄色山茶花的原始种质资源。

第七章

环境艺术设计中民族文化元素的应用

第一节 环境艺术与民族文化结合

环境艺术的本土化往往需要在设计民族化和本土化上来体现,环境艺术设计的民族化与本土化,深深地立足于环境艺术的核心之中,这是当前本土化趋势所呈现出来的一种特征,亦是天生具有文化和地域特色,自出现之日起就有着非常浓厚的民族特色与地方特色,环境艺术是一种使用目的与艺术欣赏目的相统一的客观存在。它在特定地区的自然与社会环境中存在,而这些自然和社会元素对建筑形式和环境艺术形式做出了定义,形成了独特的地方设计文化。

在讨论环境艺术发展民族化与本土化兴起的过程中,其根本原因在于环境艺术发展过程中全球化的影响和对西方现象的盲目模仿,环境艺术发展民族化与本土文化中所涉及到的环境艺术,应包含浓厚的民族特色与地方特色,因此想要将民族化和本土化实现,必须将这两个本质特征充分释放出来,之前需要一种刺激。从环境艺术的角度上来看,民族文化能够在民族艺术设计的本土化回归上产生一种刺激感[1]。

另外,对于国有化和地方化来讲,这只是两个概念而已,在具体落实过程中,还需要通过指导来实现,那么能够提供指导的当属民族文化。民族文化中所包含的内容代表了民族化所能代表的一切,无论是民族建筑,民族服饰,民族工艺等一系列的实质性创作,还是民族风俗,习惯,价值观,道德理念等抽象性的精神,这些都能够将民族化体现出来。因此,若想实现环境艺术的民族化和本土化,实际上是要将环境艺术和民族文化进行结合,

---

[1] 宗志鑫. 民族文化在环境艺术设计中的传承探究 [J]. 艺术科技,2019,32(10):181-182.

这样才能够落实其民族化，本土化发展。

环境艺术与民族文化的结合，在环境艺术发展过程中是必然的趋势，这种结合对于当代民族文化发展的意义也非常特殊，能够对环境艺术造成影响的范围，实际上就是身边无所不在的环境，民族文化与环境的结合是最容易让公众感受到的，使其更具活力。另外，传统文化这一个巨大的素材库，能够使环境艺术设计的创作元素变得更加丰富起来，设计师能够从这个素材库中获取源源不断的创作灵感，让环境艺术实现多元化的发展，使民族文化的影响力得到扩张。

环境艺术与民族文化相结合的意义在于，在城市化进程中，环境设计的责任非常重要，他所肩负的是对历史与现代的调和，在环境艺术设计中，需要对现代城市和古建筑共存的问题进行充分考量，如果没有对其基于高度的重视，那么很多古建筑和古园林都会遭受破坏，显然这个问题在以前就没有被重视起来，看起来破坏的是一些文物，但是其中所蕴含的民族文化往往也是最为丰厚、厚重的，想要实现文化保护，必须从古建筑的遗迹开始，在这些承载的文化印记的地方，无数的子孙后代，才能够扎实地感受到来自民族文化的力量。现实问题是，大多数的古旧遗迹已经破败不堪，需要采取一些办法为这样的空间注入新活力，使其成为一个既有现代功能又能够传承文化的新空间，想要实现这一目标就必须发挥环境艺术设计的作用。因此，环境艺术在民族文化的复兴过程中意义非凡。

总而言之，环境艺术设计向民族化和本土化的发展是一种必然趋势，这既是当下环境艺术发展的要求，也是民族文化复兴的迫切需求。

文化性、地域性、生态性是当前环境艺术设计必须考虑的三个重要特征，其中文化性和地域性贯穿于环境艺术的发展始终，并对环境艺术产生了很大的影响。可以说，环境文化和地域主义是环境艺术形成和发展的核心。生态是当今人类社会最迫切关注的问题，环境艺术的设计与创作也必须考虑到生态问题。除了环境的文化性、地域性、生态性，我们还需要从世界发展趋势的角度来看待环境艺术。全球化和本土化双向发展已经成为当今世界的基本趋势，环境艺术受到全球化和本土化的影响，全球化为主导，打破之前的环境艺术趋同局面，让本土化设计思维开始向西方环境模仿艺术的方向发展。

实现环境艺术本土化的本质在于设计的民族化与本土化。而想要实现这一目标，必须在环境艺术设计中引入民族文化，这是实现这一目标的必经之路。

一、现代环境艺术设计中运用传统文化元素的创意方法

（一）活用传统文化设计元素

将传统元素应用于现代环境艺术设计中，一定要发挥着传统元素的特色，充分体现出

第七章 环境艺术设计中民族文化元素的应用

其倡议，想要实现这两点，必须注重活用。而所谓的活用指的就是在使用传统文化元素过程中，不要局限于其原本的形状、样态、质地、材质、、用途，而是要对传统文化赋予创新性的意义。

我们可以看到室内的灯池、墙壁、地板等地方都布满了各种直线或折线，体现出了现代环境艺术的简单大方之美，而如果在突出墙体的中间设置一个富有传统文化特色的隔扇和一个印章形状，使这个会客室具有传统文化的传承和风格特征。

隔扇也被称作格子，门，是一种利用木根条编织成的网状窗格的门扇在我国传统民居中应用十分广泛。采用木根条作为材料来进行编织，是因为在使用过程中能够利用木根条之间的缝隙来保持通缝，而如果以木根条为黏合点，糊上一些布帛或纸张，又能够起到隔风抗寒的作用，我们在仔细观察间能够发现，虽然采用了格栅的造型，但是在隔扇的中下部分却有意的将部分棂条拆除，拆除之后形成了一些对称的空当，那么这样设计的目的是为什么呢？原来是因为在传统的格栅设计中，整个的网状窗格在编排上非常细密，这种细密的造型难免会让人看起来呆板，整个房间的用途是为了打造成一间会客室，所以如果从这种呆板的设计，难免会给人一种压迫之感。

于是设计者采用了掏空的方法撤除掉一些棂条，让中间的空隙在放大的过程中也保证一定的规律，所以整个造型看起来就活泼很多，而且这些图案之间形成了一些对称的矩形形状，既有现代设计的几何抽象感，又能够让审美主体实现多角度的联想，无形之间不仅使整个造型的观赏性和趣味性大大增加，而且能够为来访客人塑造一种轻松愉快的氛围。由此可见，期望通过对传统文化元素的独特改造和积极运用，将传统文化与现代设计理念完美融合，带给人们多维度的丰富美感。

月亮门在古代园林建筑"洞门花窗"体系中，是一种非常优美且别致的造型月亮门又称作月洞门，在园林建筑中的应用十分广泛，设计者别具匠心，将月亮门用在了电视墙中，于是圆拱门拥有了全新的内涵，整个客厅也和想象中完全不同。圆拱门本身就有着非常美好的意义，其形状如中秋之月，一般的美满团圆，所以在客厅中使用这样的造型大方得体，而且还象征着幸福美满、十分吉祥，与此同时，在圆拱门内部放置方形的电视，这种外圆内方的造型，实际上彰显了一种传统的处世哲学，也就是人生铜钱论，这样的理论不仅寓意良好，而且内涵丰富。

月亮门

整个造型看上去大有雅俗共赏的意味，圆拱门的设计还向人们展示了布局上的章法之美，俗话说得好，没有规矩，不成方圆，这里的设计就将这句话体现得淋漓尽致，已成方圆，必有规矩，如果客人能够体会到设计的这一层含义，一定也会领悟到主人在设计过程中所要表达的内涵，进而了解到主人心胸开阔，事实证明，实乃通透之人。

将月亮门活用起来，很多环境艺术信息便扑面而来，由此引发了各种各样的猜想，也品味出了各种各样的内涵，虽然简约但并不简单。

（二）善于运用富有传统内涵的植物

在传统园林设计过程中，植物是必不可少的一部分。相对于其他环境设计因素来讲，植物与之最大的不同之处就在于植物是活的，在某些特定的情况下，植物是可以移动的，它所象征的是一种生命力，任何一种静态的环境因素都无法和植物相比拟，所以在中国传统文化中赋予植物的文化内涵非常丰富。如松树、梅花、菊花、兰花、莲花、竹子等。

因此，利用好具有传统文化内涵的植物也是将传统文化元素融入现代环境艺术设计的有效手段。

（三）着眼于同现代光、电技术相融合

当代环境艺术设计是在现代科学技术的环境下进行的，它需要接触到各种光电技术设施。因此，环境艺术的设计师也需要研究光电设备与传统文化元素结合的可能性，有时会产生奇异的设计效果。

玻璃镜子本身并不是光学技术设备。然而，在中国古代，没有玻璃镜子。虽然中国早在战国时期就掌握了玻璃的制作技术，但由于工艺水平的限制，玻璃的透光性较差，不能反映影像。直到清朝雍正之后，自西方引进的玻璃镜，在贵族阶级的家庭中才能够得到小规模使用。现如今，我国普通居民家庭中镜子的使用十分普遍，当然这是因为时代的不同。所以可以发现，在古代的传统环境艺术设计中，玻璃镜子的使用机会是非常少的，因此从某种意义上来讲，玻璃镜子对于传统文化因素而言可以称之为相对现代化的技术设备。

例如，水面静止之下能够借天光，稳稳呈现出的景色就是间接借景的手法，这种手法非常典型，只不过在这里设计者利用玻璃镜面对水面进行了替换，因为玻璃镜面的反射率更高，于是园林中的借景思维就被在居室中得到了巧妙移植，巧妙地利用镜面将居室当中的景借用，在光学折射的现象下，使居室内的景深和空间感得到了明显拓展，而圆拱门的镜子造型使得所见之景仿佛就在门内，这样整个居室在现代气息浓厚却显冷清的基础上，又多了一分娴雅幽默之感，这样的巧妙构思显然是将现代光学技术与传统文化元素进行结合，两者之间实现了无缝对接。

第七章 环境艺术设计中民族文化元素的应用

总的来看，传统的文化元素应用还是屈指可数，不过最典型的传统文化元素被用在了最为显眼的位置，整个居室环境的艺术设计中，传统风格和底蕴得到了凸显。

（四）注重以"静"见"动"

其实大多数的环境艺术设计作品都是静态的，但是如果我们能够让审美主体从静态的作品中看到动态趋势，并由此展开联想，那么这样的环境艺术作品一定拥有着极高的水平。下图为浙江千岛湖浅水湾酒店廊道格栅的实拍图，格栅图案的来源是当地传统蜡染工艺纹样，蜡染在浙江千岛湖畔的淳安县，是一种非常传统的手工艺品，在浙西、皖南地区非常有名。

想要使蜡染的纹样以立体的形态表现出来镂空技法，整个作品在购进过程中也充分借鉴了传统窗格中的镂空形态。华南文化的影响下，历史上淳安地区"三雕"十分盛行，这里所谓的三雕指的就是石雕、木雕和砖雕。虽然这些雕刻手艺和雕镂窗格纹样为人津津乐道，但是，从某种程度上来讲，镂空窗格也是代表了当地的一些木雕手艺。通过观察能够发现，格栅纹样在取样上一部分是采用了淳安的蜡染纹样，但是也借鉴了传统中的一些冰裂纹图案，只不过是在线条上进行了一些锐化处理，将几何线形的构成感凸显了出来，特别是一些锐角比较明显。

千岛湖

在这样的几何构成感下，整个纹样的内在精神变得硬化起来，立体镂空形态及金属材质进行配合，作品的空间感和现代感明显增强，但是同时我们也注意到，对一些几何线形做出硬化或锐化处理时，作品本身会对传统窗格，特别是软景漏窗中的"流纹"处理手法进行一定的吸收，这样另一些线形便得到了软化处理。甚至一些线形还进行了合并，这样整体变得不规则起来，于是，锐化硬性风格特征明显的几何线条和软化的线条之间呈现出了一定程度的对比。既体现了构成主义的特征，又将中华传统的图样融合进去，看上去似乎拥有了西方现代派美术中所提到的抽象主义和超现实主义特征。然后，锐、硬、柔的对比，流动的几何线条，在张力和感觉上再次统一。我们注意到，如果我们按照西方现代主义艺术的规则来看这些图案，我们会发现它们描绘的是抽象的人物形象。因为所有的艺术都是以最基本的方式为人们服务的，所有的手工艺品，包括蜡染，无疑也是为人们服务的。

其实想要利用蜡染图案将传染的历史与文化表现出来，不利用人的形象又能怎样呢？在这些线条的融合之处，其实就可以将其看作是人的身体或头部，而那些或直或曲的纤细线条又可以看作是人的四肢，直线虽经过了锐化处理，但是可以将人的形象张力体现出来，而曲线则彰显着人的柔韧，这种种效果进行结合，虽然看似静态，却形成了一种呼之欲出的内在动态。

因此，虽然格栅是静态的，使用的材料是冷金属，它的图案充满了运动。应该是历史诠释了淳安人坚忍不拔、勤劳进取的人文精神。我们也注意到格栅上有一个很长的图案，这是来自蜡染布图案，他很有可能象征着历史长河，在漫长的中华历史中，淳安人代代相传将蜡染一直延续到今天。

因此，这些光栅作品以蜡染为基础，用蜡染这一淳安文化的象征，用它的图案来表达淳安人的形象，他们充满张力，充满活力，富有精神品质。作品将构成主义的线性特征和中国传统的露出软景观格局巧妙地结合起来，即便是原本静态的图案也有了动态的精神内涵，这在现代环境艺术设计中堪称是一种典型案例，因为他真正做到了传统文化元素的融入，真正实现了以静见动。

传统文化元素在现代环境设计中的应用需要遵循以下几条原则：一是在进行环境设计过程中，要站在宏观角度对传统文化的精神做出设计；二是环境艺术设计过程中的细节之处，一定要融入传统文化内涵，特别是传统造型元素的文化底蕴，一定要善于表达；要在突出的位置将传统文化元素表现出来；要善于将传统色彩的文化内涵体现出来。另外，多注意传统文化元素在环境设计中的应用，一定要发挥创新精神，活学活用，发挥光电技术的作用，对植物等富有传统内涵的事物妥善运用，找到以"静"见"动"的切入点。

总的设计原则可以概括为要找到现代设计理念和传统文化元素之间的契合之处，才能够展现出一个两者融合的作品，需要现代环境，设计风格特征，足够简明大方，突出传统文化元素的显著地位，落实好总体与细节，忍受现代环境艺术作品与传统文化遗产和魅力。因此，有机运用传统文化元素在现代环境艺术设计中，不是旧的盲目、复古，但看看它与现代环境艺术设计技术的匹配和组合，使之间有互补作用，形成合力，双方的缺点，彰显美，让现代环境艺术之美兼具现代风格与传统神韵之美。原则和方法总结可以扮演一个角色在吸引更多的同行和学者关注传统文化元素的运用在现代环境艺术的设计,讨论和学习。所以,我们的现代环境艺术作品反映了古典和传统风格的魅力。

二、少数民族建筑的特点

(一)少数民族建筑具有多样性

地形差异和民族差异两者是间距的,其中地形差异占据的是主导因素,中国地形的样式非常多,如平原、高原、热带雨林等,地形之间的差异导致各民族的建筑也截然不同,呈现出多样性的特征。如虽然同为汉族,北京民居中比较常见的就是四合院,而宁波的民居比较常见的就是台门,在广东、福建、江西等地区的居所,土楼是比较常见的,江南水乡沿河旁边的建筑,大多数都有着独特的造型,另外,侗族的门楼用来进行迎宾送客,因此他的建造非常考究,同族在木屋建造过程中不会利用任何铁钉、铁丝,而是利用木钉从底层到楼顶打穿木桩,采取全木的结构来进行制造这样的结构能够防寒、防潮。各民族的民族特色虽有所不同,风俗、信仰和生活习惯也十分独特,但是对于建筑元素来讲,自然条件和建筑材料的影响是很大的。因此,地域性与民族性之间的关系十分复杂。

(二)各少数民族的建筑相互影响、吸收、融合

中国各民族的建筑都有自己的特征,各民族的建筑之间都能够实现互相融合,如在布达拉宫建筑中就出现了汉族的斗拱设计,在湘西建筑中,吊脚楼的设计也非常常见,由此可见,中国各民族之间的建筑互相影响,互相交流,彼此吸收。

三、少数民族建筑元素在现代环境艺术设计中的应用

(一)少数民族建筑元素在室内空间环境中的应用

在现代环境艺术设计过程中,少数民族建筑元素的应用越来越多,室内环境中少数民族建筑元素的应用形式包括两种:一是在基本装饰的整个设计中,少数民族元素作为装饰元素使用,主要是在墙壁、门窗等。二是利用具有少数民族建筑元素的物品作为装饰,如展品、家具等可以任意改变,具有灵活性。室内空间环境在设计构成过程中,配件、照明、墙面、吊顶等是体现少数民族元素的主要方面,当现代室内环境设计与少数民族建筑特色进行结合,建筑设计能够实现创新发展,体现出了建筑独有的个性风格。

(二)少数民族建筑元素在休闲娱乐空间环境中的应用

旅游景区、城市公园、娱乐广场等地的主要用途就是用来进行休闲娱乐,休闲娱乐的

场所，具有明确的公共性，所以在对休闲娱乐场所进行空间设计过程中一定要有亲近自然的特征，不仅如此，还要展现出比较高的文化品位。为了使休闲娱乐空间环境能够与自然设计间更加亲近，将少数民族建筑元素利用起来非常合适，如在进行设计过程中，为了营造一种轻松自然的氛围，可以采用少数民族建筑中常用的竹、木等自然材料，也可以对休闲娱乐空间建筑的入口处进行特别设计，利用主材或原木对其进行加工处理，使建筑入口得到一定的装饰。另外，在广场公园等休闲娱乐场所的设计过程中，民族元素也非常关键，可以按照少数民族建筑的设计原则对其展开设计，既能够使整个娱乐场所看起来美观，又能够让很多少数民族民众感受到来自故乡的风情，勾起对故乡的怀念，得到心灵上的慰藉。

（三）少数民族建筑元素在现代雕塑艺术中的应用

随着中国现代建筑工业的不断发展，人们开始对建筑之美有了更多的追求，这使得中国现代环境艺术的发展有了极大的推动力，在现代环境建筑中，雕塑是非常重要的组成部分，在一些城市、甚至国家中，一些精美的雕塑已然成为代表性的标志物，现代建筑环境艺术和雕塑进行结合，可以形成一种非常美妙的艺术品。

四、新东方主义建筑室内设计风格

关于新东方主义进入室内设计风格，在称谓上还有其他的称呼，如新中式风格和中国新古典风格的，都属于新东方主义建筑室内设计风格。顾名思义，这种设计风格是在设计中融入了东方中华民族特有的传统生活，审美意境和现代生活方式进行有机结合，其彰显的魅力更加丰富，将具有特色新东方主义的设计风格与中国本土的艺术精神传承进行融合，关注南北地域文化差异性的同时，还能够从其利益出发，表现其内涵，真正做到得其古意，取其精神，而并非只将其看作是一堆古典元素和现代元素，只有在对中国传统文化的充分了解的基础上，才能够使两种颜色进行碰撞结合，发挥现代人功能需求和审美视觉的作用，营造一个充满魅力的室内环境。

中国领土辽阔。经过数千年的发展，中国的各种文化逐渐呈现出鲜明的地方特色，共享着中国文化的共同特征。一些学者将地域文化分为广义和狭义。他们认为狭义的地域文化是指先秦时期中国各地区物质财富和精神财富的总和。而从广义的角度上来看待地域文化，则指的是中国各地区的物质财富和精神财富的总和，从时间上来看，其中所囊括的是从古至今所涉及的所有文化遗产。这里所说的地域文化中的地域指的就是文化形成的，地理背景从范围上来讲可以很大，也可以很小，而地域文化中所指的文化技能是单因素的，也可以是多因素的。地域文化的形成过程中要经历漫长的过程，而且在发展过程中呈现出不断变化的趋势，只能够在某一个阶段呈现出相对稳定性，地域文化指的是一定的地域环境融合下所诞生的一种具有地域特色的独特文化。

地域文化是相互包容，相互渗透的，任何事物都不可能独立存在于世间，特别是在古代的中国，当时的政权在大多数时间都是统一的，各地人民流动，自然文化习俗相互渗透，相互影响；特别是在多个文化区域的交汇地带，形成了结合多个地域文化特征的特色文化。在文化这一大概念中，包含了社会意识形态和生产生活涉及的诸多方面，由于人们生活的地区不同，所采用的风俗习惯和语言也截然不同。

全球化发展是现如今整个世界的发展趋势，因此无论是在建筑领域还是在室内设计领域，地域文化意识都应该有意识地强化起来。在明确的文化挑战之下，地域文化所带来的多样性，从某种程度上来想，能够实现深入挖掘提炼传承与发展。与此同时，要以开放的心态和批判的精神对外国的优秀地域文化进行吸收，在整个全球现代化进程中，积极自觉的参与，唯有如此，我国传统的古代建筑文化才能够迸发出生命力，才能够在激烈的市场中赢得一席之地，中国特色现代城市的建设才更有希望[1]。

所以定义传统文化中的内容，既包括地域文化的传统文化，也包括外来文化。传统文化的历史发展和外来文化的多元移植成为了地域文化发展过程中的主体，一般情况下传统文化与当地的地域文化发展之间密不可分，其表现出的地域特色十分明显，往往和历史沉淀的结果有关，而外来文化则与传统地域文化截然不同，通常是将先进的技术和思想为基础，对区域文化的发展起到促进作用。

地方文化并非隶属于传统文化的范畴，它只是一种在民族习惯和思维方式影响下诞生的一种新文化，具有地方原有的文化形式，它可能是传统文化的融合或发展的一种形式。随着地域界限的模糊，地方文化不再是绝对的本地化，而是逐渐融入国际化的范围，可以说是国际化的基本组成部分。地方文化主要是指根植于当地，代代相传，具有民族特色的文化。地方文化不仅是历史传统的积淀，更根植于现实生活的变化与发展。

地方文化本身包括风土人情、民歌等无穷无尽的故事。当地的文化资源不一定是古老的。还有许多现代文化资源。例如，在北京西单文化广场，一个标志性建筑是一个现代雕塑，已经被大众所接受。

从地理概念上讲，东西方本来是相对的概念，历史上由于地理位置的不同，各个国家对于东方的称呼也有所不同，我们在了解东方的过程中，实际上是以文化为基础的，这里所说的东方文化泛指亚洲历史和传统文化，甚至包括一些非洲地区，在东方文化中，中国文化所代表的思想和哲学体系最具代表性。

中华文化，又称中华文明。它是世界上最古老、最持久的文明之一。中国传统文化能

---

[1] 龙江桥.浅谈少数民族建筑元素在现代环境艺术设计中的应用[J].城市建筑，2019，16（30）：111-112.

够将民族特色充分反映出来，表现了一个民族自古以来的思想文化和意识形态。中华民族在悠久的历史长河中，积累了丰富的传统文化资源，包括艺术元素、符号、词汇、肌理、文脉、观念、观念、思想、精神、形象等。这些资源是世界上无与伦比的，过去、现在和未来足以显示其深厚的艺术魅力。中国传统文化是以儒家、道家、佛教等文化形式为基础的。一千多年来，儒教、佛教和道教通过相互斗争和融合，对中国文化的繁荣发展起到了积极促进作用。

众所周知，儒家有规矩，道家有境界，佛教有世界这些特征，我国民族艺术创造中发挥了重要的形象作用。儒家思想中对于人伦给予了高度重视，对于功利显有关注，从儒家思想上来看，他们对情感和意义的表达非常重视，而道家则追求自然简单高雅的生活，佛教则追求的是一个宁静，优雅，浪漫的境界，在儒家思想的引导下，我国形成了独有的道德观念和审美情趣。由于儒家思想热衷于内敛和高雅，所以在装饰上很多时候偏爱含蓄的审美，这种表现在建筑上非常明显。

首先大多数的中国建筑，室内空间形式都是比较完整的，很少能够利用不规则的形状在进行组合过程中中国人非常喜欢起承转合，从而形成一定的序列，也可以通过一些虚的围合，在彼此交错穿插间形成了动静一体虚实结合，其次是在空间分隔上，大多数是采用了虚拟的手法，而不断是这种风格方式的根本目的，在传统的室内，通过悬挂字画等艺术作品，一方面能够渲染艺术氛围，另一方面也能够增添美感，陶冶思想情操。例如屏风帷幕博古架等这些装饰品不仅分隔性很强，而且装饰起来也富有美感，让人们在精神上产生了一种空间划分，虚实相应的效果。另外在装饰上中国人还愿意采用寓意的手法，建筑内的开襟术，踏步数都不能随意确定，由于中国对于"阳数"十分崇尚，往往以九为尊，所以所确定的数字往往是9或9的倍数，另外传统审美观念对于现代新东方家居也产生了深远的影响，从空间特征上来看，柔和内敛的特征比较明显。

纵观整个中华文明史，不仅熠熠生辉，而且源远流长，中国在全世界范围内是拥有历史最悠久的文明古国之一是毋庸置疑的。

第二节 民族特色景观环境再生设计

一、环境景观设计现状分析

人类对自然环境、生活环境的有目的的设计和改造古已有之，但是把景观作为一门专业学科来研究并设立相关专业的时间并不长。景观设计学与建筑学、城市规划、环境艺术等学科关系紧密,其中环境景观设计是与艺术设计学相结合而产生的一门新兴的边缘学科。它是以艺术设计学科的设计方法为基础,对景观设计进行研究。环境景观设计涉及自然景观和人文景观以及相关领域的基本理论和设计方法。环境景观设计虽然属于艺术设计学的一个分支,但内容囊括地理学、建筑学、史学、考古学、设计美学、城市规划、城市设计、社会学、文化学、民族学、宗教学以及心理学等多门学科,它们在各自专业的影响下,产生了侧重点不同的发展方向。然而这些发展并不是单一的、平行的,它们相互影响并相互作用。艺术设计学背景下的环境景观设计就是运用设计学规律和方法进行设计的。其强调的是艺术设计理念及方法在自然环境和城市规划环境设计中的充分应用。环境景观可分为自然景观与人文景观。

(一)自然景观

自然景观是包括地质、地貌、水文、气候、生物等要素在内的综合产物。由于自然景观具有独特性,因而要了解这些自然景观的特性,必然要对它们进行系统地研究与分析。如山石景观是在特定的区域地质背景下,经过地球地质长期运动形成的。山地、平原、丘陵等形态决定了构成地质的总骨架。而在地壳运动中,岩石的褶皱、断裂,和岩石自身的差异,再加上水流侵蚀、重力崩塌、风化剥蚀等作用,产生了很多妙趣横生的奇峰异石和浑然天成的山石景观。而火山作用、海水冲蚀、冰川和风的作用同样都会形成特殊的自然景观。

水景观:地球表面约70%被水覆盖着,如海洋、江河、湖泊、瀑布、泉水、溪水等,浩瀚的水资源带来了形态万千的水景观。水与物的交相辉映,由于光线反射、光线折射和光线散射而显得更加多姿多彩、魅力无穷。因水流动而产生的声响,更为人们带来了听觉美的享受

气象景观:气候特色是影响自然景观的成因,例如雨水景观、云雾景观、冰雪景观、日出日落与云霞景观等。

动植物景观:植物景观和动物景观也是自然环境中不可分割的重要组成部分,因为有了这许许多多、千姿百态的动植物,自然景观才会这么别具魅力。

(二)人文景观

人文景观是人类在生产、生活中,为满足物质和精神等方面的需要,在自然景观的基础上,叠加了文化特质而构成的景观。人文景观具有以下特性:(1)时代性,人文景观是时代不断发展衍生的产物。历史遗迹、艺术遗产,是人类文明最客观的载体。受当时的政治、经济、文化、审美、工艺、材料等历史条件的影响,人文景观被深刻烙以历史痕迹,

因此它具有时代特性。它是不同历史时期，人类艺术文化发展的反映，是人类历史进程的最好见证。（2）差异性，由于地域的不同，人文景观具有差异性，这些差异表现在地域差异与民族差异等方面。由于所处地域的不同，当地居民会以最为适宜本地环境的方式，进行屋顶构建、院落布局来实现生活所需。此外，由于民族文化的差异，景观的风格、造型、色彩等方面，均具有民族特色。

二、民族特色景观环境再生设计——以云南滨水公园景观规划设计为例

景观设计的教学模式是在艺术美学和设计科学的基础上，培养学生充分了解场所特征，发挥自身对景观审美和造型的专长，恰当地把握场地的使用功能。但在实际教学中部分学生表示对景观设计知识综合运用的信心不足，没有掌握相对完整的景观设计理论系统，甚至有的学生不具备系统而全面地运用设计分析法进行调研与设计作品的能力。要使学生能够较好地将景观专业理论与设计技能、实践相结合，就必须通过毕业设计解决今后从事设计行业可能会出现的实际问题。

（一）问题的提出

在城市化加速发展的现实条件下，原本许多具有鲜明民族特色与地域特征的文化和文明都面临着巨大的冲击和前所未有的挑战，信息交流与文化渗透势不可挡。如何在这种大趋势下保持云南城市的独特性以及景观设计创作的个性显得尤为重要。民族特色景观环境设计不仅停留在对传统景观的总结，对现代景观的探索，更关键的是找寻传统、现代景观和当地民族环境特征及民族历史发展的结合点。

当今城市化进程的不断加快，大量的民族文化遗产和民族居住环境面临着被同化和拆迁的处境，承载着民族特色、生活环境、历史风貌的城市也正在面临被改造的命运。如何保护民族村落、本土文化特色，运用民族文化和元素进行景观环境再生设计的重要性也渐渐凸显。反省云南城市"均质化"和民族特色"趋同化"，传统民族文脉的延续与保护，资源、生态与社会的可持续发展等问题与矛盾时，景观环境设计不能不自省。

（二）景观再设计

1. 设计目标

设计师要挑战具有不同民族特色与文化的城市现状，从当地实际出发，大胆探索，大胆实践，利用所学景观知识结合实际，真正为社会、为人民做一些力所能及的有意义、有价值的设计。

2. 设计背景

现代的民族特色景观环境必须在当前的自然条件和文化背景下，通过创新与再生延续景观环境的民族与地域特征，使其成为民族文化的重要媒介和传播者。

3. 设计策略

民族特色景观环境设计不是抛弃传统，而是对民族文化、传统、历史的共同延续。这是一种创新设计，是现代与传统的结合，是民族特色在景观环境中的再生只有这样，景观设计毕业生的目光才能开始从现代摩登城市转向民族村落村寨，从繁华奢靡的商业区转向老城旧巷，从大都会风格设计转向民族特色设计，转向考虑当地民族文化、传统、历史的再生设计。

（三）设计的过程

1. 场地考察

场地的考察调研分为两个阶段：第一个阶段，了解寻甸县概况。包括昆明城市未来发展定位、寻甸红色文化历史、现存旅游资源等。在感性理解寻甸城市各个方面情况的基础上，进入考察调研的第二个阶段，从各个角度观察场址。每个学生把握置身场地时的第一感受，充分发掘和利用场址中特色的民族文化、景观资源及要素，并使之有机地联系在一起，从而塑造出具有民族特色和地域性特征的空间环境。除了有机会深入考察设计现场，还可以跟设计委托方以及相关工种人员进行沟通，了解与设计相关的各种问题。最后，在感性认识场地的基础上，进行理性认识过程，对基地民族特色与现状进行资料收集与分析。

2. 深入调研

在解决各种具体问题的同时，从多视角了解不同的规划设计案例、民族特色在设计方案中的体现等，大胆设想，采用最新的设计观念及技术手段，甚至提出各种可能的超现实的设计方法。此阶段是以提出问题为导向的思路进行思考，并结合一些国内外案例分析和对比研究，例如可以研究回族文化园、彝族特色项目的案例，找出可借鉴的民族元素及经验；研究滨水休闲主题公园的功能规划，了解寻甸"牛栏江"水系的历史与现状、上层次规划等资料；研究国内外最新的滨水公园设计案例，探讨项目具有民族文化传承、旅游、休闲等功能的设置。

3. 景观节点设计

景观节点设计是对各个空间的细化，是基于对项目的详细情况、设计目标、功能分区、景观结构等有了全面透彻的理解后，场址的具体空间形态的细化本阶段主要是从微观层面上研究、探讨民族特色元素在建筑、广场、小品、配套设施的具体应用，及功能分区中具体空间形态与形式造型、景观小品设计、景观配套设施等问题。通常在整个规划的角度全面和整体地认识地块,深刻挖掘场地中能特别表达设计立意和构思的个性内容,进而选择几个重要的景观节点进行详细的方案设计。

"三月三"溟水公园总体布局包括人口景观、水上码头、水上小镇、滑草场、民族博物馆、青年俱乐部和徒步探险线路 7 个景观区域。对于景观节点的思考中,提取回族色彩的白、蓝、绿色作为公园主要建筑的色彩,强调民族地域色彩创造出具有本地特色的景观环境;并设计利用回族元素和现代建筑相结合的民族博物馆;采用回族特有的拱门形式设计公园游船码头;以全园地形最平坦处设计水上小镇,以水域为分割线,两岸分别体现回、彝族文化的建筑形式以回族、彝族、苗族文字服饰纹样、图腾和民族生产生活元素设计民族文化景墙、图腾雕塑、配套设施等。

第三节 民族文化特色的商业空间建筑分析

一、传统文化在现代商业空间中的运用

受世界经济一体化的影响,全球化正在不断地贯穿我们的工作、生活的各个角落,代表不同地域文化的语言符号也在经受着前所未有的冲击。置身于经济时代的大环境中,现代商业空间设计也面对各种现代元素和理念的冲击。如何将中国的地域文化传承下去,使人们获得精神享受的同时又能获得经济效益,是我们在进行商业空间设计时首先要考虑的问题。

当前,回归自然,继承传统文化是现代室内设计发展的一个新的趋势。现代的商业空间设计要融入中华传统文化,发挥自身民族特色的优势传统,具有重要的意义。

(一)当前商业空间设计存在的弊端

所谓商业空间,是集消费、娱乐、休闲等商业活动为一体,为消费者提供有效、方便、人性化服务的公共环境。是人们用来进行商品交换和流通的公共空间,也是现代城市景观的重要组成部分。在今天,商业空间所表现出来的形态不仅仅是一个简单的购买销商品的场所,从某种意义上说已经成为现代城市人们进行交流、观赏和休闲的重要场所,是现代商业化在城市生活中的一种反映。商业空间设计除了为商品提供一个展示的空间以外,还承担着传播企业理念,塑造品牌形象的重大责任。它是产品、企业和消费者之间的链接纽带,在商品经济社会中具有非常重要的作用。目前我国的商业空间设计,存在的弊端也是

显而易见的,主要有以下两点。

1. 模式单一

我国目前的商业设计仅仅停留在一个低水平的模仿与复制上,不是照搬西方的模式,就是简单的复古。在形式上缺乏创新与变化。在规划之中,忽视了最重要的一个因素,即"以人为本"。进行商业空间设计的最终口的是服务于目标客户群,也就是消费大众。如果没有考虑人的因素,没有根据消费者行为来进行商业空间的规划设计,那这个设计成功的概率就要大打折扣。

2. 商业氛围与文化环境脱节

这里所谓的"脱节"主要是体现在两个方面:一方面,过分追求商业利益,不惜牺牲传统文化和环境。目前,许多城市都在改建老的商场和步行街。但改建后的商业空间风格往往被弄得一塌糊涂,不伦不类。传统中夹杂现代,现代中又硬塞进传统,老商业街的文化环境受到破坏的同时,商业利益也将大打折扣。

另一方面,过分强调文化因素。只知道强调文化和特色,而忽视了商业空间的主体功能是商业活动,文化休闲娱乐只能是商业空间设计的附加功能。商业利益是首要的,文化是要为商业服务的。

(二)商业空间的内涵与意境表现

1. 中华传统文化

中华传统文化的核心就是"天人合一"的思想,即强调人与自然的关系,强调人与大地同处于一个有机整体之中。不同的地理环境造就了不同民族的传统文化与人文环境。中华传统文化是中华文明演化而汇集成的一种反映民族特质和风貌的民族文化,是民族历史上各种思想文化、观念形态的总体表现,是具有鲜明民族特色、历史悠久、内容博大精深、传统优良的文化,它给我们留下了丰富的艺术宝藏,如书法、易经、泥塑、年画、建筑艺术等。只有在现代商业空间中合理的借鉴中华传统文化元素,才能设计出符合大众消费者审关的商业空间设计作品

2. 商业空间的意境表达

我国有着5000多年的历史传承,在文化底蕴方面有着其他国家不可比拟的优势。而这种文化传承在应用到现代商业空间设计中时,便会呈现出较普通装饰更为深层的意境,同时也形成一种具有强烈民族风格和传统色彩的艺术效果。因此,在现代商业空间设计中通过融入中华传统装饰符号的室内设计方式,已经逐渐成为现代商业空间设计的一种主流,只有这样才能真正符合人们的审关观念以及情感追求。

商业空间设计不再只是简单空间设计,人们更注重的是商业空间中的意境,积淀着十

分丰富的文化内涵。商业空间文化内涵的意境表现，从某种意义上讲，意境也是中华传统文化的缩影，如中国人所秉承的人生观、哲学观、艺术观等，在对待各种事物的观点和态度上都是可显现出的，也都是可以与意境联系在一起的。

商业空间设计中，文化内涵的体现是集材质之美、造型之美、构成之美、色彩之美等设计艺术表现形式于一身。除表面的空间形式外，内涵的显现是一个商业空间内在文化的展现，一个商业理念的完成，材料的选择、色彩的搭配、造型有确立等都是为了实现这种设计目标。这样一个商业空间设计才能展现出文化的内涵，才更加耐人寻味，用多种表现形式组合设计而产生的商业空间，需要设计者的情感融入，也需要文化修养的提升，设计的情感和意境表达才是设计艺术的高境界。

（三）传统文化在现代商业空间中的运用

众所周知，消费是连接经济与文化的社会活动，它不仅具有经济和营销的意义，而且具有重要的文化和社会意义。随着我国人民生活水平的提高，消费者的购买能力也增强，商业空间已经成了人们消费和追求潮流的一种时尚标志。现在的消费者已经不再满足于物质上的拥有，更注重精神上的享受与满足，对商业空间的要求也从购物转化为满足休闲生活体验。因此，对于商业空间的设计，不能只停留在服务商品流通需求的层次，而是要实现更广泛的传播目的，满足人们在商业空间中休闲娱乐、体验生活的需求。更注重消费场所具有的地域文化和设计意境的表现。

1. 结合本地文化，突出特色

我国是一个幅员辽阔、人口众多的国家。各地的地理条件，经济文化发展，风俗习惯人文特色也各不相同。这就要求我们在进行商业空间设计时，既能符合现代人的审美趣味又能彰显出本土文化特色的艺术风格与设计理念，使本土文化和地域特点融入现代的室内设计中。每一个城市无论大小都会有其值得骄傲的历史，把这些宝贵的文化资源挖掘出来，形成本地商业空间中独具的特色，就能成为吸引行人的重要因素，同时也把自己介绍给外地来的游客。这样，不但能增强本地游客的自豪感，而且能够增强外地游客的认同感。

在现代空间设计地方性与传统文化的体现应是现代与传统的结合。"现代"的概念中既包括了现代的材料工艺和技术条件，又包括了现代人的审美取向和精神价值。一些运用传统元素的空间设计作品也只是以照搬和模仿为主，缺乏对自身文化内涵的理解与运用。很难完全满足现代人的审美需求。因此，在现代空间设计中融入传统元素，不是简单的照搬抄袭，而是要使用"局部采用"的手法将传统元素"截取"化，使传统元素成为外在形式中的沉淀。将传统元素的材料、做法、信息传达模式进行某种程度的转换，改变和增加视觉元素的信息量，则会产生更多的隐喻意义。如：贝聿铭的香山大饭店设计构思的重点即为传统文化的展现,如何在现代与传统之间找到一个最适合的契合点,是设计过程中的首要考虑的问题。作品中,贝聿铭将江南民居、传统园林中许多建筑装饰元素和现代设计融为一处,运用抽象、变异、分解和组合等手法进行形象的处理。将中华传统文化的观念融入设计之中。同时在设计中又很好地借鉴了哥特式建筑的特点,使香山饭店既具有传统建筑装饰的文化韵味同时又有西方的文化气息。在香山饭店,西方现代建筑原则与中华传统的营造手法巧妙地融合,形成了具有中国气质的建筑空间。可以说贝聿铭的香山大饭店是在现代商业空间设计中,将传统元素与空间设计结合得比较经典案例,兼具地域特色的同时也带动了当地的经济发展。

2. 有效利用地域文化,促进经济发展

地域文化与当地的经济发展有着密不可分的关系,深入发掘地域文化、打造地域文化品牌,提升地域文化的影响力,是促进文化发展重要手段,也是促进地方经济特别是旅游经济发展的有效措施。传统的商业空间作为传统文化的载体,浓缩和体现了本地的文化经济和社会的发展史,展示着一定时期城市发展的风貌特征,成为城市独特的构成肌理,具有很高的商业、旅游发展的潜力。在设计中可以强调地方特色,强调民族化和乡土化。在材料的运用与装饰语言上可以尽量使用本地特色材料和装饰手法,体现出以因地制宜的特色。

当前,回归自然,继承传统文化是现代室内设计发展的一个新的趋势。传统商业街区是中华传统文化的重要组成部分,其随着城市的变迁而不断演变发展,见证着城市的发展进程,是城市文化历史的重要见证。现代人越来越注重商业环境中的文化气息。在打造具有地域个性及文化的现代化城市商业街区时,不仅仅是遵循"随波逐流"的大众化,更是对一个城市的性格及文化的折射。不同的装饰风格,不同文化氛围对于整个商业空间的经济影响是非常大的。一件好的商业空间设计不仅要寻求装饰上的美感,还要满足人们各方面的需求,如精神、物质等,并能带来巨大的经济利益。

总之,现代的商业空间的设计形式和表现语言是多种多样的,面对各种设计元素和理念的冲击,只有发挥自身的优势,在尊重传统文化的基础上,将中华传统文化元素合理的融入现代的商业空间设计中,才能在当今社会条件下探索出具有地域性和民族文化的现代商业空间作品。

二、西南传统民居建筑文化在现代商业空间设计中的应用

(一)西南传统民居建筑的独特风格和样式

西南传统民居建筑的构造、布局、色彩和装饰,都是当地人民在长期的生产、生活中

总结出来，具有很浓郁地域特色和民族文化。整体而言，西南传统民居建筑造型独特，层次丰富，朴素而不失精致，汲取多个民族的民居建筑文化形式，具有以下特点：

（1）西南传统民居建筑注重与环境相协调，依山就势，融于自然，体现了人与自然和谐相处的生态观。西南地区，山多地少，气候温暖潮湿，森林植被资源丰富，世代居住在这里的人们为了防湿热和避开虫蛇野兽，因地制宜，顺应自然，尊重自然地貌，顺坡起伏，使得空间多变，层次丰富，造型独特，在起伏的地形上减少房子与地面的接触，形成西南地区特有的民居建筑风貌。

西南传统民居建筑简洁、朴素，讲究就地取材。其建筑形式或临崖吊脚，或傍水而筑，或依山缠绕，建筑形式有廊桥、长廊、骑楼、吊脚楼等形式。采用穿斗木构架体系，为穿斗木结构板壁或夹壁墙，桐油饰面露木本色，色彩朴素，屋顶多以小青瓦覆盖。干栏式建筑是西南传统民居建筑重要组成部分。穿斗房、吊脚楼、栅子门、半边街、过街楼、石板路等建筑形成西南民居建筑景观。这些都是适应西南山地地形、气候水文、植被等的建筑样式。西南传统民居建筑是当地人民通过长期的劳动、生产、生活总结出来的。

（2）西南传统民居建筑由于地形的原因，使用了比较开敞自由的空间布局形式，不注重中轴对称，随地势起伏的格局让平面和立面空间显得灵动有趣，地域性十分突出。建筑中的庭院、天井、抱厅等空间类型，具有解决采光通风和屋面排水，空间联系等问题的功能。

（3）为了适应温暖潮湿的西南地区气候，西南传统民居建筑具有典型地域特点。它们多就地取材，以杉木穿斗为主要构造方式，以吊脚楼的独特形态依山而建。

一般来说正屋建在实地上，厢房除一边靠在实地和正房相连，其余三边都悬空而筑，靠柱子支撑。优点是通透开敞，轻盈欲飞，通风好，易干燥，又能防野兽的侵扰，楼板下还可堆放杂物。与原始的"干栏"建筑相比，这类吊脚楼已有很大进步。

（4）装饰是西南民居建筑构成的重要元素，长期的生活和生产方式影响着西南民居建筑的装修形式，它反映了这一地区人们的文化品位，精神追求以及建筑的性质、风格。西南传统民居建筑装饰在表现形式和技艺上与中华传统建筑装饰一脉相承，却又具有自身质朴的特色。其木质用料多，色彩为木质本色，桐油饰面，建筑色彩朴素淡雅，灰色的砖，白色的墙，青灰色的瓦，本色的门、窗、柱。从装饰色彩设计的角度来说，西南传统民居建筑质朴简洁的色彩，更容易与建筑周围的环境色彩取得协调一致。当建筑色彩和建筑所处的环境色相融合时，在色彩搭配上便取得了均衡、统一、和谐的视觉效果，体现了一种自然、和谐、充满生命力的美，满足了人们心理上的要求，表达了西南各民族人民淳朴炽烈的审美意向。

（5）西南民居建筑的各个部件或装饰构件丰富多样，如山墙，屋脊，挑檐，挂落，雀替，驼峰，柱础，门窗等。多用简练美观的木雕、石雕、砖雕、泥塑、彩绘或陶瓷饰物制成，其内容多是龙凤云纹、传统典故等本土文化的生动展示。或给人以古朴笨拙的厚重感，或给人以轻盈灵动的飘逸感。其雕刻与装饰都是源于人们祈福消灾、趋吉避凶的朴素思想。中国古代装饰的形成，与根深蒂固的儒家思想，以及道家"天人合一"的思想密切相关，中国特定的文化背景孕育了西南民居建筑装饰的特色，形成了特有的审美意识和文化品位。

（二）西南传统民居建筑元素在商业空间设计中的应用原则

西南传统民居由于它所出的地理位置和产生的自然、社会环境，它具有一定的时代局限性。传统西南民居建筑的一些元素和装饰纹样，具有封建社会的时代烙印，如：封建文化中的迷信思想，严格的等级制度等。设计师在进行总结提炼时，一定要深入分析，准确把握。

西南传统民居建筑元素中，有许多装饰构件、雕花等都具有各种不同的象征意义。象征意义的异同在不同的空间又有不同的精神内涵。设计师在应用中，首先要清楚西南传统民居建筑的各个元素所蕴含的，不同的文化意义和象征意义。要考虑到元素本身的内含，是否适合所设计空间的精神。只有当这些元素的内在精神与现代空间的文化意蕴相吻合时，这个空间才会焕发出它的文化和精神魅力，而不会让人产生文化错位的感觉。

西南传统民居建筑的构造、布局、色彩和装饰，都是当地人民在长期的生产、生活中总结出来，适应当地气候和地理特点。这种观念深深地植根于传统民居建筑的空间布局、构造方式、建筑用材。在现代商业空间设计中，应与现代环保观念相结合，采用现代装饰的新材料和新技术。西南传统民居建筑中大量的使用木材，既不环保，又存在消防安全隐患。进行商业空间装饰时所选材料既要体现出传统建筑的风格，又要符合消防安全要求。设计师应学会不拘泥于西南传统民居建筑元素的原始形态，做到"师古不泥古"，注重对西南传统民居建筑灵魂和文化内涵的发掘，而不是生搬硬套地将一些建筑元素直接挂到商场去，商业空间并不需要一个原汁原味的传统建筑。应当运用现代设计理念，对传统的民居建筑形式进行整体或局部的抽象、简化、提炼、加工。原则是"得意而忘形"。然后用现代技术、新型材料与传统建筑语言相结合，丰富材料质感，营造空间层次，传承文化品质。使西南民居建筑的传统意蕴焕发新的生命力。

传统民居建筑是一个协调统一的整体，要求商业空间内部装饰、陈设、员工服装、要有整体感，重视商场内部装饰的一些细节的处理，使其符合商业空间的整体风格，烘托出商场的传统文化氛围。只有把传统民居文化灵魂渗透到每一个细节，才能够让人品味到传统文化的魅力。

现代环境艺术设计与中国传统文化

　　我们所处的时代在经济、信息、科技、文化等各方面都高速发展，人们对物质生活和精神生活要求不断提高，对于与自己生活息息相关的商业空间就有更高的期望。打造具有中式传统建筑风格的商业空间应该是现代商业企业寻找差异化重要的策略之一，只有具备了独特风格，才能增强企业竞争力和竞争优势。商业企业在销售策略、产品、服务、人员管理方面等多方面寻求自身特色和优势的同时，不能忽略了作为重要载体的商业空间。具有传统风格的现代商场，会让消费者在购物时感受到一种浓郁的中国文化氛围，体会到中国文化特有的感染力和表现力，产生凝聚力和归属感。当代商业空间设计师应对民居传统建筑文化做抽象的思辨和精神的凝练，设计出具有创新意识和传统民族文化韵味的现代商业空间。

第八章

民居环境设计与传统文脉

室内环境有很多元素共同构建而成，其中包括装饰装修器用物品和陈设布置等，室内环境由于自身的属性和特殊性形成了独有的体系，又因为其归属的恒定性，在室内环境整体中划分出了特有的分子单元，由于使用人群、民族、地区和历史阶段的诸多方面的不同，传统民居在室内空间和陈设类型上也会存在一定的差异，本章主要叙述传统民居室内设计与环境的融合；家具、灯烛的设计与室内陈设；高雅艺术与室内陈设的融合；民间艺术在室内陈设上的体现[①]。

第一节 传统民居室内设计与环境的融合

中华民族室内环境艺术文化源远流长，在整个体系中，以汉民族室内设计为核心与历史上多民族艺术与技术进行融合，实现了进一步创新。在上古时期，我们的祖先为了能够在生存环境中得以生存，建立了符合自身特性与环境特性的人居文化，他们会按照自己的意念来进行生产生活，所以人居环境艺术所表现出的民族特点十分浓郁，经过不断改造和利用过程中，区域的痕迹非常深刻。春秋战国时期，中原文化的种类就有很多，这些文化的源头不同，自然也会存在很大的差异，如齐鲁文化、巴蜀文化、吴越文化等都是当时颇受认可的文化。后来到了青铜时代，巴蜀文化之间也有了明显的区别，祖先们发现自然条件、社会经济以及民族文化之间的差异性是不可避免的。

我国中南和西南部分地区自古以来由于地势垂直高差十分明显，雨量十分充沛，这些地区的河流众多，气候炎热，人们生活常会受到猛兽异虫泛滥的影响，针对地形变化和气

---

① 高源.探究室内生态景观设计与室内装饰设计的有效融合的优势[J].流行色，2019（04）：103-104.

候特点，广大中西南地区各民族普遍采用趋利避害的干栏式住宅形式，这种住宅形式能够有效地解决这些地区所存在的问题，在长期的实践活动中结合本民族和地区的自然条件、文化特质以及生活习俗，再做出进一步改善与提升，因此呈现出的室内风貌样式。

干栏式住宅

在全世界范围内，干栏式住宅是比较常见的建筑类型，几乎在各个国家都有这种建筑形式，古代中国中原地区这种形式应用得比较广泛，后来随着北方气候逐渐寒冷，因此在南方地区比较常见。如今云南省西双版纳傣族自治州、德宏傣族、景颇族自治州等地区的人民比较喜欢这种形式，他们充分发挥当地的自然资源和物质条件，利用木材和竹材构建起干栏式住宅。

傣族干栏式楼居今多用木材（以前为竹材）搭建，上层住人，下层圈养牲畜和堆放杂物。在景洪市橄榄坝和曼桂村的楼居内，柱子梁檩皆用粗硕木材，楼板、墙壁竹木都有，室内纵向分堂屋和卧室两部分。堂屋近门中央处有火塘一方，以木框架填土少许与楼面平。内置三脚铁架，供烹饪、烧茶、照明和取暖，也有部分家庭在火塘上方悬吊一个方架，用来烘烤谷物等。

傣族人喜欢围着火塘席地而坐，这样的氛围亲切祥和，卧室和堂屋并列，堂屋和卧室的门上悬挂布帘用来遮挡视线，门设为男柱和女柱，分别用作男家庭成员和女家庭成员的出入通道，如果家中有女尚未出阁，那么未婚女孩的卧室是不能随便进入的。

傣族民居二楼室内陈设极为简略，除了一些比较常见的器皿用具之外，还有一些轻巧低矮的家具，由于大多数用具是利用自然材质制成，所以自然气息比较浓郁，表现出了清新质朴之感。

西南地区干栏式住宅集聚的黔东南、湘西、桂北、渝东南等地，这些地区的住宅通常

第八章 民居环境设计与传统文脉

是以吊脚楼为主,在建筑布局上既表现出了对大自然的依恋,又体现了对大自然的尊崇,对于房屋和自然空间之间的调和关系,比较注重要求顺应自然,依山就是结合地形和功能的需求进行灵活布局,整体建筑与自然环境之间构成一幅灵动的画卷,是祖祖辈辈居民的智慧结晶,这样的建筑能够对当地的气候条件充分适应。

蒙古包

蒙古族的蒙古包内方位共有九个,分别是前、后、左、右、中和左前、右前、左后、右后,顶窗"套脑"下中间为火位,用来放置火炉,可以进行食物烹饪和取暖,在火位的前面,大多数是西南的包门,在包门两侧会放置奶桶,包门的右侧会布置案桌橱柜用来进行炊事制作,火位的左、右、后和左后、右后五侧的区位,也整齐地摆放着各种箱柜,匍匐毡毯的区域在包内是活动区域,也是夜晚的就寝区域,蒙古族素来将右作为贵,将上作为尊,因此,包内的火位对应尊位,同时也是男性长辈的坐卧之所,是待客的区域。

中国古代文化呈现出一体多元和多中心的特点,人居环境的构建亦是如此,可以从中依稀的发现某一种象形性,那就是以中原地带汉民族文化和室内陈设为中心。

第二节　家具、灯烛的设计与室内陈设

经济的迅速发展过程中,城市化建设实现了迅速发展,在城市飞速发展过程中,人们对于室内环境的陈设有了更高层次的要求,除了要体现出空间个性以外,还要有良好的舒适感,让人们的物质需求和精神需求都能够得到满足,使室内环境在设计过程中还要有充

分的美感，给人带来身心愉悦的体验。在室内环境艺术设计过程中，陈设艺术的作用不容忽视，某种程度上来讲，陈设艺术能够使室内环境得到极大程度改善，特别是能给予室内空间更好的层次感，体现出别样的设计风格，让居住者的室内环境更加舒适[①]。

一、家具与室内陈设

通过多种途径和方式保留传承下来的明代家具，品类丰富。以制作材料分，有柳、竹、藤、硬木、柴木、大漆家具等；以使用功能分，则有椅凳、几案、橱柜、床榻、台架和屏座等。

传统家具

椅凳类是家具中与人关系最密切的类别，也是家具中制作难度最大、较能体现家具设计和技术水准的类别，主要由凳、墩、椅、宝座四类组成。

几案类主要功能是板面承放器物。通常有几、桌、案三个系列。

橱柜以贮藏物品为主。明代橱柜可细分为小皮具、箱格、圆角柜、方角柜、闷户橱等。

明代的卧具主要由床与榻两大类组成。其中床类分儿童床、架子床、拔步床三个系列；榻类则有平榻、杨妃榻、弥勒榻之别。

台架类为明代轻便类家具，主要由面盆架、镜架、衣架和灯架等组成。

明代屏座家具分为座屏和折屏两大类。

明代家具的成就是多方面的。其中合理的功能、简练优美的造型是明代家具的重要特征。

---

① 陈墨.互联网环境下室内环境设计与智能家居的关系与应用研究[J].北京印刷学院学报,2019,27(08):13-17.

第八章　民居环境设计与传统文脉

传统工匠在吸取古代木构架建筑特点的基础上，处理椅凳、几案、橱柜、台架等家具中大多施以收分。如明代家具腿部收分通常依腿部长短而定，从下到上逐渐收细，向内略倾；四腿下端比上端略粗，使家具获得稳定、挺拔的功效。

明代家具除了对体积造型和关系比较重视以外，在细节部分上也强调精致，特别是与人体能够接触频繁的部位，更是要重点关注，如杆件、构件、线脚、座面等。椅类家具进行处理的过程中，对于整个椅子的舒适程度会起到直接影响，明代椅子坐面通常会利用上程潇中的双层次做法，做面弹性很足，人们坐上去会略微下沉，使重量能够集中在坐骨骨节上，将其压力良好地分布下去，即便坐的时间比较长，也不会感到疲倦。

严谨的结构、合理的榫卯、精良的做工和丰富的装饰手法是明代家具获得盛誉的主要原因。

束腰结构在明代家具中所采用的是坐面与脚部之间的向内收缩，主要的材料是腿脚方材。很多明代家具，在经历数百年的使用后，至今仍然十分坚固，这要得益于其优良的材质，也要得益于科学合理的制作。明代家具的制作经验来自于宋代的小木工艺，能够熟练自如地将复杂且巧妙的榫卯制作完成，在构件之间不利用金属钉子。

明代家具非常适用于装饰，其手法也多种多样。首先明代家具在结构和装饰上的表现通常有着明显的一致性，而并不是纯粹的附加物，如横竖木支架，交角处如果采用多种牙头牙条，不仅在结构上发挥了一定的支撑作用，而且看起来也很美观。其次利用较小的面积来进行定制雕镂，将其装饰在合理的部位，这种小而精致的雕镂和大面积之间形成对比，看起来素中寓华，简而不凡。另外以铜为主的金属饰件得到了巧妙应用，例如箱子的抢角和桌案的脚等，这些部位都有着形状不同的金属饰件，表现了金属的艺术感染力。

清代家具由于其造型风格的不同，其所处的阶段也有所不同，分别包括清初、乾隆、佳道和晚清四个不同的阶段。清代初期的家具制作在工艺和风格上基本是传承了明代的样式，因此学者会将其风格纳入了明式家具的范畴，清代家具代表性的作品就是乾隆制品，乾隆制品不仅工艺精巧，而且富丽堂皇。此时的清代家具，无论是工艺技术还是在形态材料上，都与明代风格截然不同，改变了原本家具的严肃流畅性，相对于原本的简约朴素而言，雍容华贵更多，更突出其厚重性，不再清新典雅，而是华丽富贵。在尺寸上，清代家具更宽更高更大更厚，所以用件也会随之加大加宽，例如清代的三屏背式太师椅，三屏背就十分浑厚，和粗硕的腿脚扶手之间浑然一体，整个气势宽厚大气。

清代家具的品种和类型十分丰富，单从这一点来看，其丰富性是无法比拟的，凳子还有新品桃式凳、梅花凳、海棠式凳等。而椅类中，仅仅是太师椅的种类就非常多，除了上述的三屏风式靠背太师椅，还包括花饰扶手靠背太师椅、独屏雕刻扶手太师椅、透雕喜字扶手太师椅等。清家具都是在明代家具的基础上进行锐意创新的结果，一些家具无论是在造型功能还是在工艺上乃至装饰方面，都达到了历史最佳水准。

清代家具之所以能够实现发展，实际上与清代园林庭院的兴盛之间有着密切关系，正是因为园林庭院的兴盛，家具发展才有了一个契机。现在园林家具在设计上都是经文人士子之手，益彰典雅。与此同时，竹器类家具以毛竹、麻竹等为原料，利用竹材光洁凉爽的特色及竹青、内黄的不同特性，经拼嵌、装修和火制等工序制作完成，主要产品为椅、床、桌、几和屏风。

除此以外，藤柳家具也实现了长远的发展，清代曾有家具的设计与使用者大多数都是文人墨客，他们所追求的是一种书斋的自然之美，因此会利用树根藤作为材料，在精心挑选过程中，会因材施艺，希望能够经过特殊的处理，获得别开生面的艺术效果。

清代乾隆时期，家具的发展进入一个鼎盛的时期，无论是民间的家具工艺体系，还是宫廷家具工艺体系，都愈发明朗和完备，由于受到疆域辽阔，习俗差异的影响，民间家具因地域不同也会有区别，总体上来看，当时的家具流派可以分为，苏式、杨式、宁式、晋式、徽式、京式、广式和冀式，苏式、京式和广式在众多流派中是佼佼者的存在，下面对于这三种流派的家具来进行探索。

苏氏家具所囊括的地区包括苏州、常州、松江、常熟、杭州等。苏式家具在形式上有三种，一种是明代的形式；一种是将明代的主要特征保留，对一部分作出改良处理；还有一种是完全以乾隆时期富丽、华美的特征为主。苏式家具的漆技艺非常精湛，通常是利用生漆，将雕琢图案花式的地址打磨平整后上漆，整个大膜过程要涉及一二十道工序制作，前后时间要耗费数月，在镶嵌材料上多数为玉石、象牙、牛骨、螺钿、彩石，而装饰则是以一些常见的历史人物故事，山水，花鸟，梅兰竹菊等为主，体现出吉庆万寿之一。

京式家具在造型上就比较庄重，而且整个体量也比较宽大，所采用的材质通常是以紫檀为主，其次红木花梨。家具制作过程中崇尚利用传统的磨光和烫蜡工艺，结构用缥，镂空用弓装饰题材则是以一些文面图样为主也会利用景泰蓝和大理石的镶嵌工艺，使整个家具的艺术感染力得以增强。

广式家具作为清代家具的代表，在传统家具的基础上，对外来的家具制作工艺进行大量吸收，在装饰上利用多种组合，将中西医多种公益表现手法集为一体，形成了一种具有浓郁地域特色和强烈时代气息的家具风格。

从材料上来看，广州地区的硬木来源十分广泛，所以在用材上的木质一如既往的追求高品质，为了使硬木的天然肌理和色泽美能够充分展示出来，在制作时不会上漆，而是经过打磨后，径直揩漆，这样才能够使木质肌理得到完整的呈现。

在社会的变革过程中，晚清近代家具随之产生了不同程度的演变，一方面伴随大量西式家具的不断涌入这些舶来物在曲线直线的运用中，对层次起伏格外强调，橱柜制作大量吸收旋木半柱和带有对称曲线雕饰；床榻主体、屏架开始应用浮雕镂刻涡卷纹与平齿凹槽的床柱；采用拱圆线脚装饰立面，螺纹、蛋形纹作桌面端部装饰点缀等；另一方面，广大木工教师在家具形态上试图将传统形式保持下来，因此会在局部利用中西混合的雕饰手法，整个题材内容装饰工艺仍然将传统的锐锐镜纹样装饰特性保留下来，这是充分考虑了使用者的心理习惯与民间习俗。

少数民族的家具与民间有着千丝万缕的联系，世代相传，因地区的不同有着明显的差异，对当地民间募集工作经验广泛集中，显示出了地方独有的特色与风情。

新疆维吾尔族由于在起居过程中会盘足而坐、或者是箕踞平坐和一腿平伸与一腿屈膝而坐，结合坐姿形式，以及坐的位置大多数新疆维吾尔族的家具数量很少，对于椅、凳、床等应用也不是很热衷，而是将毡毯作为坐具和卧具，利用一张矮的小方桌或者是长方桌周围遍布五角或高低不一的橱柜，将碗碟的日常生活用品放在壁龛中因此从整个视觉上来看，形成了一种将储存与欣赏合二为一的格局风貌。

土家族一般散居分布在湖南湖北重庆的一带，我家族的室内家具品类十分丰富，由于室内功能区的不同，家具也有所区别，但家具一定与室内功能区域相适应，而且尺度比较大。在这些众多家具中，湘西土家族民族地域特色的滴水床魅力最为丰富。

关于土家族的滴水床，由于低数的不同，会有3579滴的区别，清明源自于建筑屋檐的滴水构造，由此才有了滴水床。床正面分三晋是由基本床架，三层岩板和4块侧板组合而成，第一晋床顶高居5格，横平平内，每格均漏掉着花果丛树的图案，评测镶嵌三角长形，前庭外扩呈现出上大下小的倒梯形状，二、三进的形状是半垂花拱门形，还有踏脚和栏板，整体看起来围中有透，膈中存联不仅是保暖还是通风都非常好，而且私密性很强。

白族的家具配置上比较齐全，他们对于功能比较注重，因此在技术，造型，工艺及陈设摆设上比较程式化和成熟化。会在堂屋中摆放高大条案和太师椅，其左右会有低的矮春凳，两体相叠加的双套桌摆放在中央，在高级家具之间起到一定的协调和缓冲功能，这样既方便低矮人员的使用，另一方面又可以随时的改变用途。卧室方面在床具的设计制作上比较讲究，床的形状和汉族8步床的龙床比较相似，会在上方雕刻双龙戏珠等图案，雕刻对于白族家具装饰而言是比较重要的，不同的雕刻形式相结合，将很多生物事物栩栩如生地展现出来，技法娴熟的同时保证构图饱满，特别是剑川县木雕家具，更是有着千年的历史，家具制作过程中会配以彩花石、纯白玉和大理石镶嵌，在木石的对比下，质地更加细腻精致。

藏族在我国西藏、青海、四川、云南、甘肃等地比较常见藏族的家具特色比较分明的就是箱、柜、桌。特别是藏箱，其起始于17~18世纪，在规格和用途上基本和汉族木箱相似，会用牛皮来进行制作，在上面进行彩绘，也可以直接绘制或者是再去上层P层麻布，造成油灰使油彩的粘浊力增加。整个箱体上的图案十分紧凑而且绘制精美，在华丽中不失厚重。藏柜进行制作过程中所采用的材料大多是松木和软木，由于其规格大小不同，可以用来放置食物和法器等，藏柜通常在底部会有三个狭长的抽屉，抽屉底部中空柜面上满是精雕细镂的各种纹样，颜色多以红橙黄绿为主，富丽堂皇。藏桌在造型上相对比较丰富，既有固定的也有可折叠的，仅仅能够在餐饮过程中使用，当然也有一些用作宗教仪式的道具，与藏箱、藏柜十分相似之处在于桌子的凋落也非常繁琐复杂，通常会利用一些龙凤等怪异图案来进行雕刻，当然也包括一些植物的图案。

"马工行国"与"农业城国"相结合的过程中，起码民族创造了具有自己特色的家具，也就是马背文化的家具。蒙古族的诸多家具中都显示了藏传佛教，蒙古族习俗以及中原文化等多文化融合的特征，在材质处理上，蒙古族家具会利用松木来制作大件的家具，利用杨木来制作相对小件的家具，再利用松木进行大件加一句，制作过程中会在其表面裱糊或披麻批灰等，然后再进行彩绘，打造出的家具造型粗硕、厚漆重彩，由于生活方式和生活习俗的影响，蒙古族家具大多数比较低啊，有利于携带和移动。

在隋唐五代高座家具在室内中的布置组合已经逐渐显露出端倪，从众多历史文本中来看，当时主要是一人桌床榻前涉案，脚下成足而后有座屏围屏的组合，由于功能和需求的不同，所选择的方式也有所不同，围屏大多数是扇形结构的，可以折叠，总体上观照，尚处于以床榻屏风为中心的时期和阶段。

两宋时期的家具布置，陈设与床榻评分为起居中心的陈设，重点完全不同，确立了以垂足而坐，以桌案椅类家具构成陈设和活动中心的格局，宋代时期的很多绘画中都有这样的陈设形式，从这些画面中能够发现当时室内家具布置的情况为：一桌一椅、一桌二椅或一桌三椅及多椅，会有一些必要的凳、几、案、墩发挥辅助作用，会在主桌案后设置屏风，从某种程度上形成一种空间上的分隔与围合，形成了一种视觉聚焦和向心力的同时，利用家具的布置不同展示出了整个布局内的上下尊卑关系，让儒家礼制的等级制度体系得到了物化处理，当然这种布局形式对于明朝时期室内特别是厅堂的陈设布置起到了直接影响。

明代时期，各类刻本中涉及到的家具使用图像和家具布置图像内容非常丰富，对此应该予以高度的重视，将画师刻工的主观印象剔除、抛开他们自觉发挥和相互抄袭的可能性，偶然对其布置使用情况进行梳理，发现还是有明显价值的。

总而言之，到了明代中后期伴随社会经济的不断发展，家具无论是在数量还是质量上都实现了急剧扩张，这一方面使家具的消费和使用得到了促进，另一方面古代家具组合布置的系统性也得到了成就，这意味着无论是厅堂，卧室，书房，甚至是厢房，在家具的布置上已经形成了一定的模式，这种主体格局在不断延伸和影响下，直到20世纪中叶仍然发挥的作用。

二、灯烛与室内陈设

自"钻燧取火"即用火技术掌握以后，灯烛的发明与运用拥有了必要的条件。

为灯、烛的发明和运用创造了必要的条件。综合文献和考古成果，可知中国古代照明范围中，烛先于灯。从各地发掘整理的灯烛实物看，先秦、秦、汉等时期的灯烛以青铜宫灯为代表。三国两晋南北朝始，灯烛材料趋于多元化，陶、瓷、铜、锡、银、铁、木、玉、石、玻璃等竞放异彩；形式上以油灯和烛台为主，同时，蜡烛得到推广运用。隋唐宋元灯烛使用者迅速扩大。李商隐的"春蚕到死丝方尽，蜡炬成灰泪始干"和杜甫的"夜阑更秉烛，相对如梦寐"等诗句，侧面印证了灯烛的普及。长沙窑产的烛台，底座有三矮足承盘，盘内隆起刻瓣覆莲，传世精品甚众。

明清时期灯烛以陶瓷为主体。比较常见的是读书写字用的瓷器书灯。通常将灯盏制成小壶形。壶直口，带圆顶盖，腹扁圆，短柱，前带管状平嘴，后有弓形执手；灯芯从壶嘴插入壶中，形态精巧雅致，装饰优美，具有实用、美观、省油、清洁的特点。

明清时期陶瓷灯具造型多样，形式丰繁，但基本构架大致相仿，主要由圆底灯碗、灯柱及灯台构成。近人许之衡在《饮流斋说瓷》中谈及明清陶瓷灯具时指出："瓷灯有仿汉雁足者，其釉色则仿汝之类，大抵明代杂窑也。至清乾嘉贵尚五彩制，虽华腴而乏朴茂式，亦趋时不古矣。"

明清两代金属灯具大抵有铜、银、铁、锡等材质。造型也十分丰富。明高濂《遵生八笺》之五《燕闲清赏笺》书灯条目曰："用古铜驼灯、羊灯、龟灯、诸葛军中行灯、凤鸟灯，有圆灯盘……观青绿铜荷一片，集架花朵坐上取古人金荷之意用，亦不俗。"在蜡烛工艺改良和提高的基础上，明清的烛台架有了根本性的改观，出现了与室内环境及家具布置浑然一体的灯烛样式，庶己可称之为明清落地灯。

斯时的立灯，又谓灯台、戳灯、蜡台，民间称为"灯杆"，南方部分地区亦称"满堂红"。一般有固定式和升降式两种类型为主要类型和结构。固定式灯烛结构是十字形（也有三角状）的座墩，也有带圆托泥的底座。中立灯柄灯笼，以三四块站牙挟抵。灯柄不能升降，灯柄上端一为直端式，柄端置烛盘，下饰花牙装饰，烛盘心有烛针，以固蜡烛，外覆以羊、牛角灯罩围护之；灯柄上端亦有曲端式，上端弯曲下垂，灯罩则悬垂其下。

升降式灯烛，顾名思义，即灯柄能升降。主体结构形体竖立，灯柄下端有横杆呈丁字形，横杆两端出榫，可在灯架主体立框内侧长槽内上下滑移。灯柄从主体上横框中心的圆洞中凿穿，孔旁设一下小上大的木楔，一俟灯柄提到所需高度时，按下木楔，通过阻力，灯柄即固定在所需高度和部位。

除了置立于地上的立灯外，还有放置在桌案几架上的座灯、悬挂于厅堂楼榭顶棚横梁下的宫灯、安放在墙面壁龛中的壁灯，以及手持的把灯、行路的提灯，包括各类民间灯彩。

置于桌案几架上的座灯，造型有亭子式、六角台座式等，灯台以硬木或其他木材略事雕饰而成。传统灯烛在建筑装修和环境氛围方面效果明显者，当首推宫灯。晚清，宫灯样式流传市肆坊巷、集镇村落①。一般略具规模的宅第民居厅堂等处的屋顶横梁中，均有铁制构件固定，以裨吊挂宫灯。这就是李渔所说的："大约场上之灯，高悬者多，卑立者少。"原因之一是"灯烛辉煌，宾筵之首事也。然每见衣冠盛集，列山珍海错，倾玉醴琼浆，几部鼓吹，频歌叠奏，事事皆称绝畅，而独于歌台色相，稍近模糊。"宫灯悬挂厅堂顶棚上，照明效果上相对全面和完整些。

所谓壁灯，是指安放在墙面壁龛中的照明什物，既可以是瓷灯，也可能是油灯。

中国古代时期的灯烛颜料在构成成分上主要包括动物油脂和植物油两种成分，自唐代以后，软纤维灯芯搭附在展颜片进行燃烧，这种方式开始逐渐盛行，而至于蜡烛是在宋元前利用蜂蜡和白蜡为原料制成的，到了明清时代，南方率先利用植物油制作出了蜡烛。

民间灯彩既可以看作是一种照明器具，又是一种应时之物，是中华传统节日中不可缺少的一部分，每逢佳节或者是婚寿的喜庆之际，明天都会张灯结彩来表示庆贺，彩既能够发挥装饰美化建筑环境的作用，而且还拼添了祥和欢快的氛围，让众人感受到节令风俗，人生礼仪的重要性，使其具有独特的审美价值。

民间灯彩中所融入的艺术手法非常多，例如，剪纸、绘画、书法、纸扎、裱糊、雕刻、镶嵌等都可以在灯彩制作过程中体现出来，明天农场最初是来自于宫廷灯彩，在两宋时期发展到了高潮，社会性的文娱庆典活动和民俗风情中，群众基础十分广泛。

从民间灯彩的造型形态、主要用材、装饰特质以及使用特点等方面看，大致可归纳为走马灯、篾丝灯、灯、珠子灯、万眼罗、羊皮灯、料丝灯、墨纱灯和夹纱等。走马灯，又称影灯、马骑灯、转灯、燃气灯等。《燕京岁时记》载："走马灯者，剪纸为轮，以烛嘘之，则车驰马骤，团团不休。烛灭则顿止矣。"走马灯基本构造为在一个立轴上部横亘一

---

① 王丽. 室内设计与情感表达的融合探究 [J]. 地产，2019（24）：29.

叶轮，叶轮下、立轴底座旁安置烛座，火烛甫燃，热气自然升腾，随之叶轮转动旋回。灯部中柱有纸剪人马图形，伴随旋回，夜间点烛使其影像射至纸质裱糊的灯壁上。

其他各地具有特色的灯彩尚有：南京荷花灯、兔子灯，系用色纸糊制，轻巧艳丽；扬州羊角灯，温润而透明，造型意趣盎然；安徽玻璃灯，以玻璃管代替竹木以做骨架，点亮后通体透亮；福建白玉灯，为纯白玉雕成，光耀夺目；北京蛋壳灯，在蛋壳粘贴的基础上，再施浮雕上彩，富丽辉煌，式样繁多，造型各异。

第三节　高雅艺术与室内陈设的融合

当前，随着社会经济的发展，我国在社会生活的各个方面都已经成为世界上不可轻视的一股力量，综合国力显著提升，由此带来的就是百姓生活的进步和社会生产生活节奏的加快，城市生活逐渐为百姓提供了更多可能性，在城市当中，人口密集、流量增大，人们对生活环境的追求越来越高，因此，对于室内的设计也开始有更大的追求，不但要求居住环境的舒适，更要求居住的美感和个性化，因此在人们逐步满足了物质上的需求以后，开始追求精神上的艺术享受，因此在室内艺术设计领域要逐步提升艺术感，丰富室内艺术的环境，来构建室内层次感和独特的艺术风格，打造室内协调的空间，运用陈设艺术，将其融入于设计当中，其根本目的是为人们构建一个和谐健康舒适的室内居住环境。

一、琴棋书画、书画装裱与室内陈设

作为古代文人士大夫阶层必备的技能，琴自古为人们所喜爱，是古乐器的重要代表，也是君子六艺中"乐"的代表。抚琴对于中国古代文人士大夫来说，不仅是一种陶冶情操、培养君子性格的一种技能，通过琴，还能够落实礼的教育，传递价值观。《白虎通》载："琴，禁也，禁止于邪，以正人心也。"可以看出，古人通过音乐能够正心诚意，帮助人们成长为德才兼备的君子，通过琴瑟之声，传达一种淡泊静心的价值观念，这个精神意义无疑是非常值得肯定的。

我们从琴本身来谈，由于琴的构造非常简单，尤其是中国古代的琴都与木有关，因此更多地表现了古老的中国哲学当中"天人合一"的境界，音律平缓淡雅，因此，与自然和天地相合的意蕴大于抚琴的技巧，技巧越简单，意境越深远辽阔，表达了古代文人士大夫对于审美境界的追求。韩愈曾经在《听颖师弹琴》这篇散文中，曾经详细地描述过抚琴的

表现："昵昵儿女语，恩怨相尔汝。划然变轩昂，勇士赴敌场。浮云柳絮无根蒂，天地阔远随飞扬。"可以看到古人对于乐的追求，由音乐带来的修身养性之功，使得古人对于天人合一的追求达到一种情感的升华和佳境。

古人对于琴的使用往往达到"置琴不弹"的境界，只是用作一种自我派遣，沉醉于其中，展现了文人雅士的风范。这样的一种超然物外的境界，展现了一种智慧和自由的精神追求，与自然为友、与天地精神往来的崇高和恬淡。因此，琴逐渐成为一种艺术品，成为室内设计的陈设品。而有琴则必有桌，琴桌是雅士高贤们必备的陈设品。琴桌的高度比较低，装饰比较简单，桌面呈现上下两层的构造，这就形成了琴的共鸣箱，也有在共鸣箱中设置铜制品如铜条、铜丝等，从而增强回声和共鸣，共鸣箱上有郭公砖，也就是琴砖，琴桌面板右侧有开孔，可以放得下琴首琴轸。也就是说，琴桌已然成为在抚琴当中必备的一个关键环节，琴桌与琴融为一体，合二为一，这也更进一步地佐证了中国古典哲学。

对于棋来讲，中国古代民间一般都有"尧造围棋"的传说，这个传说已经有了四千多年的历史。早在晋朝，张华就有《博物志》记载道："尧造围棋，以教子丹朱或曰舜以子商均愚，故作围棋以教之。"和琴相比较，围棋是中国古代非常普及的娱乐设施，而围棋也取天地之势，圆形的棋子加上方形的棋盘，"天圆地方"之势呼之欲出。有研究者认为，围棋无论外形还是内在构造和格局，都与先天八卦的"河图"和后天八卦的"洛书"非常相似，然而对于民间百姓来说，弈棋常常是一种闲情逸致，作以消遣之用。文人墨客乐观超然的人生观和心态往往反映在棋局之上，不必在乎一时输赢，而要把天地之道、人生之旦夕祸福体现在棋盘之上，明代唐寅曾经这样表达："眼前富贵一枰棋，身后功名半张纸。"就体现了这样的心态。

清代的李渔曾经这样用独特的观点来谈琴棋之别，他觉得，弹琴本来就是为了修身养性，而正襟危坐则是和人体的自然相违背，无法达到全身放松的程度。"而与人围棋赌胜，不肯以一着相饶者，是与让千乘之国，而争箪食豆羹者何异哉？"正因如此，李渔说到："喜弹不若喜听，善弈不如善观。人胜而我为之喜，人败而我不必为之忧"，以这样的状态，常处于不败之地也就是常保持主动，不会有脸红耳赤乃至"整槊横戈"之类的现象发生。

下棋并没有固定的场所，一般处于书房、亭台、阁楼之地即可，一般不会安排在厅堂正统的居处当中，弈棋活动和室内的环境氛围相类似，主要在于一种轻松、悠然、闲适、恬静的自然之趣味，营造出一种相对自然、自由、淡雅的生活品味。

再说"书"，书法是中国古典文化当中最具有代表性的艺术之一，数千年的发展和艺术创造，使得古人对于书法的运笔、间架、笔画造型等都有了非常丰富的经验，形成了一套定律和法则。一般来讲，我们在鉴赏书法作品时，一定是要品鉴书者的用笔，用笔一般以中锋用笔为主，侧锋过多就会显得字形乏力，中锋用笔也就形成了最为正确的执笔和运笔方法，如"拨镫法"，就包括撅、押、钩、揭、抵、拒、导、送等运指法，将汉字笔画归纳为"永字八法"，有侧、勒、弩、越、策、掠、啄、磔八种笔画。

在漫长的书法演进历史当中，逐渐形成了我们所熟知的碑学和帖学两大书学系统。碑，即在石碑上刻字，帖，即为简牍文字，并且在发展过程中，逐渐形成了非常完整的书写方式和规则。无论是怎样的书写体例和风格，最后都要形成一种独特的书法气度，也就是我们常说的"神采"或"神韵"。北宋四大书法家之一的蔡襄曾经说过："学书之要，惟取神气为佳。若摹象体势，虽形似而无精神，乃不知书之所为耳。"这也就是说，"神"往往大于"形"，有神韵，书法才得以流传，才可称得上是艺术。

而绘画则代表了中国古代艺术的又一发展高峰，作为一种独特的文化现象，绘画可谓是源远流长，而且其传递的独特美学和思维方式，又暗合了中国古典哲学理念。从类型上来看，院体画和文人画是中国古代绘画比较有代表性的两种绘画方式。院体画注重法度和形似，文人画注重抒情和写意。相对而言，晋唐两宋的绘画更注重逼真和写实，从而生动有韵味，这就形成了"神形兼备"的审美旨趣。到了明清时期，画家对于绘画的审美逐渐走向重"意"，也就是说，绘画主要表达人们内心的情感，用意象来代替物象，绘画的整体更是偏向于欣赏立意之美，追求更加细节的笔墨技巧，对于题材的选择也有很大的讲究。

从中国古代绘画艺术的整体和发展实际而言，山水、花鸟和人物一直是主要的三大画科，从体裁上来讲，《历代名画记》当中也把绘画的体裁分为人物、屋宇、山水、鞍马、鬼神和花鸟等，后来又有"十三科"的提法。我们来看人物画，传统人物画按照内容来划分，主要可以分为仕女、肖像、道释、风俗和历史故事等，人物绘画迄今为止已经有两千多年之久，以长沙出土的战国时期的《人物龙凤帛画》为最早发现的代表作品。

古代书画作品为了能够更好地流传和保存，进而形成了装裱技术，装裱技术主要是用麻纸、布帛等物附着在书画作品的背面，四边用绫、绢等进行边缘的装潢和装饰，这就形成了最早的"装潢"之意。而中国古代书画装裱的历史可以追溯到秦汉时期，当时的"经卷"和"屏风"等皆需要装裱。演进到宋代，则出现了装裱艺术的黄金时代，后来在民间逐渐繁荣兴盛起来，甚至于形成了不同的流派，比如"吴装""京装"等都是那个时候的典型代表。

人物龙凤帛画

中国传统的书画装潢艺术的风格和类型十分众多，依据类别来分，主要有手卷、轴条、画片和册页四种类型，根据画面的大小，配合画家的表现形式，可以有不同的选择和功用。顾恺之的《列女仁智图》以及王齐翰的《勘书图》等名画的装潢都是轴条，而在宋以后，则逐渐流行起"屏条"，是来装饰墙壁之用的。而明清时期更是发展到了十二幅画连在一起构成的通景屏或连屏，同时也有与自然节气相合的屏条、与书法字体篆、隶、真、草相合的独立屏条。也有左右成幅的对联或楹联，左右各一。而轴则是装潢艺术发展到一定程度的一个代表性事物，它的出现更加明确了装潢的艺术感，由圈档、隔水、天地头、包首、惊燕、天地杆、轴头和签条等构成。

二、瓶花、石玩与室内陈设

明末山阴（今浙江省绍兴市）人张岱在《陶庵梦忆》一书中，述及当年在山东兖州，见众人种芍药几近痴醉程度时叹为观止："种芍药者如种麦，以邻以亩"，等到百花盛开，白色的芍药可以布置于更多的地方来起装饰的作用："棚于路、彩于门、衣于壁、障于屏、缀于帘、簪于席、茵于阶者……余昔在兖，友人日剪数百朵送寓所……"从此可以看出，当时的人们用芍药花装点居所已经成为了一种非常普遍的行为。

明清时期的文人就已经有了非常普遍的对于自然的崇尚，因此，对于瓶花艺术已经成为了一种时尚，尤其是与世俗相悖，隐居与山林之间的文人们，各种植物和山石花鸟在他们眼中是与和大自然交流的最好方式,文人与自然相合、与山水相乐,山水之间的万事万物都已经是一种非常鲜明的艺术角色,已经不仅仅是文学创作的手法和意象。清代的张潮曾经评赏过十二种植物,运用非常精辟的总结来表达:"梅令人高,兰令人幽,菊令人野,莲令人淡,春海棠令人艳,牡丹令人豪,蕉与竹令人韵,秋海棠令人媚,松令人逸,桐令人清,柳令人感。"这些植物中大部分都可以成为瓶花艺术的素材之用,文人对于自然之物的描摹和喜爱生动形象、细致入微,观察十分细致,描摹十分入微,记载十分具体。他也曾记载过水仙花,语言十分灵动:"以玛瑙为根,翡翠为叶,白玉为花,琥珀为心,而又以西子为色,以合德为香,以飞燕为态,以宓妃为名,花中无第二品矣。"张潮从人的视觉和嗅觉的角度,提出可以从色和香两方面品赏:"花之宜于目而复宜于鼻者:梅也,菊也,兰也,水仙也,珠兰也,木香也,玫瑰也,腊梅也,余则皆宜于目者也。花与叶俱可观者,秋海棠为最,荷次之,海棠、虞美人、水仙又次之。叶胜于花者,止雁来红、美人蕉而已。"

古代文人对于花的欣赏,往往蕴含着心中的旨趣和个人意志,不同的感情和审美促成了不同的情境,正如王国维所说:"以我观物,故物皆著我之色彩。"情境与心境融为一体,才能够得到最好的审美结果。人们对于瓶花的鉴赏,往往蕴含着内心的情感,表达了古代文人对于理想人格的不懈追求和对于人生的深刻感悟。自然花草树木本无情,而文人往往愿意为其赋予情感,不同的花香、花色、花的形态,让人们赋予了不同的精神气度和心理感情,这样的感情联系到一起,往往使得自然中的花有了灵魂和态度,所谓"引类连情,境趣多合",这也就佐证了文人对于大自然的鉴赏和沟通,表现了中国传统文化当中的哲学和审美,所谓"天人合一"的境界,在这方面取得了重大的成果。文人欣赏的"花"与中华的"华"异曲同工,而为其赋予人的意志则是持中之意,在此不做赘述。

明清时期有关瓶花艺术和插花艺术的理论著作非常丰富,比如袁宏道的《瓶史》、沈复的《浮生六记》、文震亨的《长物志》、张岱的《陶庵梦忆》、李渔的《闲情偶寄》以及张潮的《幽梦影》等,都是对这种艺术的论述。例如:"花宜瘦巧,不宜繁杂。若插一枝,须择枝柯奇古。二枝须高下合插。亦止可一二种,过多便如酒肆。""插花于瓶,必令中欹。其枝梗之有画意者,随手插入,自然合宜。"总体而言,他们对于该种艺术的理论,主要的审美体现在自然变化和生机韵味当中,有主有次、有高有低、有大有小、有疏有密才是真正的艺术,与此同时,瓶花和插花如何与室内环境以及整体构图相结合,他们之间应该运用何种关系相互配合,更加丰富室内景色,是一项非常值得研究的艺术问题。

另外,明清时期的文人墨客对花的热爱,本身就已经成为一种生活方式,以花为伴、用花入魂,把花当成具有生命力的、具体的对象,花成为天地间至纯至美之物,从中体会出一种心灵的慰藉,在寻寻觅觅当中获得对于自由和理想人格的陶冶,与天地精神的往来。在艺术创作当中,他们从花的意象中提炼出了细腻的感情,融合了他们对于人格和人生的感悟,融合了对于当时社会和政治历史的感想和文人生活的观察,体现了那个年代文人的独特审美旨趣和对生命的感想。而正因如此,也提升了那个年代文人的艺术鉴赏力和创作水平,达到了中国古代文学艺术的高峰。

在历史长河当中,中华民族对于石的喜爱是世界上其他文明所不及的,最早的时候,人和石的关系是起源于石器时代,就是单纯制器物之用。后来,随着石器的发展,人们对于石的认识逐渐深化,明白了石不仅仅可以作为器物使用,石器还具有独特的灵性,能够拓展美、创造美,那么在众多文人墨客的艺术实践当中,石器由于其稳定性的特性,又赋予了不一样的意义,石刻镌文也成为了流传文字的主要方式。

唐代对于石器的把玩主要是观赏之用,石的陈列成为了当时的一种艺术风貌,虽然众多文人墨客对于石的特性、样貌有所研究,但真正使石的表现力激发的,还要数宋代的文人们。

宋代是中国古代艺术史上的黄金时代,文化的自觉和内省为宋代的美学成为一种自觉提供了文化上的基础,而对于石的喜爱,也为众多优秀的文学艺术大家得到了充分的肯定和发展。北宋文士集团将庭园巨石的规模缩小为几案陈设。比如著名的欧阳修、苏轼、黄庭坚、米芾等,都是石的爱好者,都对于石有一定的艺术研究和审美旨趣。而米芾更是其中的杰出代表,他以"石痴"而著称,钟爱砚山,每日写书作画,犹如穿行在真正的山水之间。

米芾对于石的喜爱,主要追求的是石形态的完美,而且还要追求巧夺天工的艺术形象,他到涟水做郡守的原因就是由于得知了安徽灵璧多佳石,在当地,终日赏玩奇石,孜孜不倦,如痴如狂,并且总结好石的标准是"秀、皱、透、漏",甚至看到好石就下跪拜倒,拜石为兄,可见此人对于石的喜爱之深。

而苏轼对于石的欣赏主要在于其中的情致,米芾就一度认为,苏轼开创的对于石的鉴赏风格完全反映了苏轼心中对于家国情怀的郁结,而且对美石的体认更加具有现实意义,以石言志,这标志了对石的认识上升到了一个高度,形成了独特的审美形式。后世论石无一超越苏、米二家开创的境界。

对于石的种类而言,明代造园家计成在《园冶·选石》章中列举了太湖石、昆山石、宜兴石、龙潭石、青龙山石、灵璧石、岘山石、宜石、英石、散兵石、黄石、旧石、锦川石、花岗石、六合石子等十余种,这些种类的石具备不同的特点,都能够成为艺术品供人欣赏、把玩。

好的石必须要配上合适的底座，这个底座可以是盆、盘，也可以是架，底座已经越来越成为石艺品的必备之物。选用木架为最多，而且木架在审美上更加古朴脱俗，文雅非常，自然涵泳，在陈设上能够使得室内的环境增加雅致的质感，创造独特的艺术情怀，显示出主人的审美意趣和人文底蕴。

第四节　民间艺术在室内陈设上的体现

中国的传统文化包含传统艺术，蕴含着整个华夏文明的智慧和哲学。中华传统艺术主要包含宫廷、文人、宗教和民间等几个方面，其中每一方面否有独特的艺术风格，也有其特有的艺术表现形式。然而其并非独立的几个方面，因为宇宙之间万事万物都有联系，艺术类型之间的渗透和融合，形成了中华文化的多元和兼容。在传统艺术的类型当中，民间艺术由于其群众基础浓厚，内容丰富，因此其影响力也是最大的，对于现代艺术设计的补充和影响也是最大的，也正因如此，形成了中华文化独有的艺术风格和审美特色。

一、民间绘画与室内陈设

中国古代的民间绘画非常丰富，也是源远流长的，除了建筑上的彩绘，也有年节庆典中的年画，还有各种生活器物上的绘画等等。民间绘画的多样性造成了民间绘画的分布之广和运用的普遍性，那么在民间如此丰富的绘画方式和内容，也是给予了现代艺术设计丰富的灵感和借鉴，人们通过民间绘画创造了数不胜数的优秀艺术作品，这在数量上是其他种类的绘画无法企及的。

中国古代民间的木版年画主要是应用于农村，民众在年景节庆时会用到的，在住宅内外用作装饰的一种陈设设计方式，它的源头在于远古时期对于自然和神灵的崇拜，反映在神话和传说当中，融合各人的想象与情感，表现出来的一种立足于现实精神需求的，人为创造出的一种与现实生活有关的神灵的形象。

民间的木版年画最为重要的一种功能在于装饰性。木版年画种类繁多、品种丰富，表现手法非常丰富和独特，别具一格，并且变化性很强，会随着不同的环境、空间、年节、氛围等不断变化，以实现民众的特有目的，其主要的功能就在于装饰，制造气氛、表达感情。

对于中国传统的民居来讲，室内外的环境装饰主要也是用年画来体现，年画的不同种类、不同题材、不同表现手法几乎都能够从民间的年画中找到。类似于"横三裁""竖三裁"这样在炕头墙上张贴的年画，主要以花鸟、山水、娃娃、戏曲等内容为主；在厅堂以及正房当中，有贡笺、条屏和中堂等；跟农时、农事有关的，如二十四节气的历画主要张贴在灶间和门边，以便民间百姓在做农活时随时查阅，具有实用性。

民间年画

民间的年画对于室内环境的作用可以说是相当丰富，不同的题材、体裁和内容可以张贴于很多特有的地方，满足不同的需求。看似杂乱无章，实则井井有条，具有非常多的寓意和思想，值得细细品味。例如北方农村，建筑物主要以土坯为主，砖瓦结构，窗户比较厚，因此在窗旁就有年画用以点缀，而北方的炕则有炕沿和三面墙，那么墙上自然就会有以故事表现为主要内容的年画，有的甚至是一段整体的故事，既有装饰作用，也有警示和教育意义，又能够防止对周围被褥及物品的磨损。而北方民居炕头也会有凿出一个壁龛的习惯，壁龛里一般会放置生活的应用之物，外部也会有一些用以装饰的布帘，其美观和防尘作用非常突出。

四川绵竹年画中根据面积大小和用途，有不同的门神可张贴，分为大毛、二毛和三毛，大毛以威武门神为主，张贴于大门之上，用以镇宅；而二毛主要是用作加官晋爵之意，张贴布置于门扉之上；三毛以美人和童子为主，张贴于卧室门，这样的程度递进刚好符合了人们的不同期待和精神需要，非常富有趣味性。

总而言之，民间木版年画是非常普及的，而其创作基本是以营造温暖亲切的民居氛围、反映温馨美好的家庭生活、表现吉祥如意的未来期望为主。

而对于彩绘这一艺术形式来讲，也是与南北方的气候、人文有关的。例如清朝在山西一带的太谷、平遥、祁县等地，深宅大院当中有非常多的彩绘案例可供欣赏和研究。比如，从纹路和形态来看，晋中等地彩绘主要受到汉朝的文锦纺织、清朝的宫式、苏式彩绘风格的影响较多。而结构上，则受到从汉朝文锦发展而来的大金青和小金青彩绘的影响。苏式的包袱彩绘如牡丹、翎毛和竹石的构图是比较有代表性的。另外，例如乔家大院的构图，吊顶通常是以木框攒接、四周装饰花边，而中间的圆心部分则会画有佛像、垂钓、读书、花卉、书画、花鸟等有关的画面，无论是题材、形式还是内容都非常丰富，不固定，尽管工艺上与苏式的精密不可相比，但地域特色尽显。

大院的宅邸，都有室内墙围可供装饰之用，一般会在上面绘制黑底金色的花鸟山水画，周围有花卉装饰，外部的窗楣之上，也有黑色底纹的金线图案，显得非常稳重而高雅，居中包袱用浅赭色打底，绘有人物故事等，窗棂格外侧棕黑，内侧涂绿，与住宅色调相一致。

与晋中风格不同，清朝的徽州民居厅堂上的彩绘图案别具一格，多样性和创造性更为丰富。在色彩上，徽州民居一般会分成两类颜色，一种是主色调白、黄、赭等，用黑、白、蓝等颜色为边框构成；另外一种是主色调是白、蓝等冷色，以白、黑等线为边框，这些颜色的选择都可以提高底楼的明亮度，题材上则增添了花鸟虫草和器物瓶罐，表现手法更加多样和自由，边框当中也增添了风景人物等题材。而从图案样式来讲，既有几何形状的锦纹和字纹，也有自由形态的蝴蝶花鸟等，还有底纹是卍纹和八角形图案，上面穿插着圆形的大"包袱"的图案。

由于北方和南方的气候具有很大差别，因此也就形成了彩绘的不同形态和设计方案。南方雨水多、气候湿润，北方气候相对干燥，所以形成了徽州和晋中不同的彩绘面貌和风格。自然环境塑造了徽州的彩绘基本上集中于室内的特点，而在南方其他地区诸如福建、广东、江西等地，厅堂当中的装饰与木雕融为一体。例如福建泉州的厅堂彩饰，正面采用黑漆，底面和勾线采用红漆，局部装饰点金，在黑漆低上勾勒出池塘、花草等，色彩对比强烈，风格绮丽，美观大方。

二、印染织绣与室内陈设

中国传统民居当中的空间陈设少不了织物的作用，织物所占的空间和面积是非常大的。在《红楼梦》当中第六回就有这样的描写："只见门外錾铜钩上悬着大红撒花软帘，南窗下是炕，炕上大红毡条，靠东边板壁立着一个锁子锦靠背与一个引枕，铺着金心绿闪缎大坐褥……"可以看出在中国传统民居当中织物的重要地位，尤其是在大户人家，室内织物几乎已经构成一个独立的世界。从功能性上来看，织物主要用作被褥、幔帐、门帘、纱窗、桌围、椅垫、各类地毯以及用作装饰的卷轴和刺绣等。可以说织物的使用已经成为中国古代民居艺术的必须。因此，研究织物的作用和功能非常必要。

织物的形态有依附性和变异性等特点，适用于多种场景、多种用途、多种装饰、多种形态，正因如此，织物的设计形态主要就是在各种功能的变化当中完成和展现出来的，因此织物在室内建筑当中的使用非常重要。

总体而言，织物在传统民居室内空间的设计和陈设当中的功能主要表现在以下几个方面：

（一）柔化空间

建筑物主要是由泥土沙石木质等材料为基本结构组成的，材料质地硬，纹路较为固定，其设计难有较大空间去发挥，而织物以其柔软的质地、柔和的纹理，刚好中和了建筑物基础材料的质感，使得整体空间设计看起来更协调、柔和，在与建筑实体中粗硬、冷清的纹理对比当中，更显得温暖祥和，具有不可替代的作用和功能。与此同时，织物由于其自身的变化性，能够与各种器物和质地的物品相配合，自然而然地完成弱化、柔化空间的作用。

（二）限定空间领域

织物在室内空间设计当中能够起到隔离空间、限定空间的作用，通过各种帷幔、屏风、纱帐等，能够使得空间隔而不断、加深空间层次的同时限定了各种不同空间的区域，能够使得室内空间富有变化性和灵活性，这也是中国古典室内设计中惯常使用的手段，也是非常具有成效和艺术性的。陈师曾说过："唐时房屋之建筑，如今日本式，上楹相通，欲区一室为二，则用幢子障于中间……大都因一大幅，幔于木框，两面作画，有以之于屋之一者……"可以说，织物所构成的传统室内艺术建构方式已经成为了中国特有的艺术设计理念，这个理念更是佐证了中国古典艺术的变化特性和阴阳之美。

（三）创造空间

室内地面的变化以地毯为主要载体，地毯的有无使得人们的视觉感受和心理感觉都是非常不同的，由于一块地毯的纹理、质地、图案、色彩不同，会给房屋的主人造成不同的空间遐想，也会在心理上有不同的空间领域。地毯的周围和上方的空间，构成了单独的活动区域，形成了一个独特的活动空间和艺术空间，这个空间在室内设计当中建构出了一种虚拟的空间隔断和艺术区域。

（四）丰富空间

织物有其独特的色彩、图案、花纹、功能等，它从布置的那一刻起，就已经成为了室内设计的一部分，受到整体空间布局的制约，也服务于空间布局和设计。而同样的，织物也有它自己的自主性和灵活性，织物能够影响室内空间的总体设计和布局，促成了室内氛围和视觉的改变。

另外，在功能性上，织物还有保暖、防潮、吸音等功能，在室内空间中起到很多对于

第八章 民居环境设计与传统文脉

健康和安全感上的正向作用。

中国作为自古以来的纺织大国,以"丝绸之路"作为明证,都反映了古代纺织业的盛况,纷繁复杂的种类、绮丽多样的色彩、千变万化的纹路,都体现了古代纺织行业的发达。按照织物的类型来说,主要包括丝织(锦、绫、绮、罗、纱、绢、縑、绨、纨、绸、缎)、棉织(标布、扣布、稀布、丁娘子布、尤墩布、衲布、云布、锦布、斜纹布、紫色布)、麻织(麻布、葛布、蕉布)和毛织(毡、地毯)等大类,工艺上分别为印、染、刺、绣、编、织等工艺。

中国古代民间的织物印染工艺十分发达,也和地域的不同有关,各个地域的印染工艺和艺术手段有着非常大的差异。例如山东的彩印花布,其具有的特点就是色彩浓郁明快,鲜亮艳丽热烈,反映了当地的民风民俗,一般用在门帘、窗帘、椅垫、桌围等,其图案大多是散花、团花等。其工艺也十分考究,比如在印染的过程中,用极少的色彩表现出不同的形象:先用黑紫色勾勒主要的轮廓,然后在由浅至深,印染黄、绿、红等颜色,色彩均匀分散,相互呼应、相互重叠,保留色彩之纯,并且能够使色彩的强烈对比和平衡性共存,互相渗透的同时相得益彰,使得异彩纷呈的布面构成了统一平衡的基调。此外,江南地区的蓝印花布、云南大理周城的扎染、新疆的木板印花布,还有贵州安顺和广西壮族瑶族的蜡染工艺、湘鄂黔土家族几何形编织挑花布,还有广西壮族的斑布、柳布、壮人布等壮锦和云南的傣锦,都是以当地的地域特色和民族性吸引着设计者,为他们提供了创新灵感,也是这些与地域有关的工艺,更促进了该种艺术在民间的广泛应用,受到了百姓们的喜欢,在民间广泛使用。

结束语

  在华夏民族数千年的历史变迁当中,传统文化的传承渗透到了我们生活的方方面面,对于当今社会的生产生活以及文化艺术的创新具有非常重要的影响。现代环境艺术设计当中所提倡的建筑与周围环境融为一体的理念,以及设计美学当中的艺术美感的创造等都和我国传统文化当中"天人合一"的哲学理念十分契合。在设计当中,对于传统文化、古典哲学的运用和理解除了能够促进作品与环境的融合以外,还能够加强现代艺术的创新力,与此同时,这也是对于传统文化的继承与发展,对于增强我们的民族自信、文化自信、艺术自信都有着非常重要的意义。另外,现代的环境艺术是人们对于美学、对于生活的一种美好追求,在立足传统的同时,也要注意与现代化的生活方式相结合,在现代生活的基础上进行创新。在实际发展过程中,现代化的生活方式与传统文化的结合并没有达到很成熟的程度,但其雏形和趋势已然形成并处于不断地探索之中,基于此,两者的互补性将在今后的环境艺术设计中起着越来越重要的作用,随着传统文化的内涵、哲学、精神逐渐融入现代设计,展现东方美和民族特色已经在引领着未来的发展方向。

  总体而言,文化作为一种符号,是在历史长河中逐渐形成的,并且在艺术的演变过程中成为一种能够通用的语言,从而与各种艺术作品相结合,使得欣赏者能够通过这种语言理解作者的意图和意境,并且了解作者的思想,与作者产生深层次的共情。而文化符号已经深深地扎根于现代社会的方方面面,与文学艺术、科学技术都产生了深度交流和融合,成为现代人在认识自然、社会、民族、个体的工具,也是传承民族文化、提高文化自信的重要载体。因此,在现代环境艺术领域中,对于优秀传统文化的继承和优化,不仅是继承、创新传统文化,也是推动艺术进步和健康长远发展的重要环节。

参考文献

[1] 姚慧. 传统营造文明 [M]. 北京：中国建材工业出版社，2020.

[2] 田亚莲. 民族文化与设计创意 [M]. 成都：西南交通大学出版社，2020.

[3] 陈妮娜. 中国建筑传统艺术风格与地域文化资源研究 [M]. 长春：吉林人民出版社，2019.

[4] 王春晓. 论艺术风格在商业展示设计中的应用 [M]. 北京：北京理工大学出版社，2019.

[5] 鲁苗. 环境美学视域下的乡村景观评价研究 [M]. 上海：上海社会科学院出版社，2019.

[6] 黄茜，蔡莎莎，肖攀峰. 现代环境设计与美学表现 [M]. 延吉：延边大学出版社，2019.

[7] 彭修银，熊清华，海南黎族传统村落人居环境的美学研究 [M]. 北京：中国社会科学出版社，2019.

[8] 曾筱. 城市美学与环境景观设计 [M]. 北京：新华出版社，2019.

[9] 张文. 传统文化遗产视野下艺术设计教育的传承与发展 [M]. 成都：电子科技大学出版社，2018.

[10] 王党荣. 传统文化回归美丽乡村环境规划设计 [M]. 石家庄：河北美术出版社，2018.

[11] 白琨. 古今融合与创新现代艺术设计中的中国传统文化元素研究 [M]. 长春：吉林美术出版社，2018.

[12] 焦成根. 设计艺术鉴赏第 3 版 [M]. 长沙：湖南大学出版社，2018.

[13] 辛艺峰. 建筑室内环境设计 [M]. 北京：机械工业出版社，2018.

[14] 苑良宇. 现代艺术设计与教育研究 [M]. 长春：吉林大学出版社，2018.

[15] 张毅，王立峰. 标志与 CIS 设计 [M]. 重庆：重庆大学出版社，2018.

[16] 马怀立，姜良威，张毅. 中国传统文化 [M]. 天津：天津人民出版社，2018.

[17] 冉启江，韩家胜，康佳琼. 中国传统文化 [M]. 上海：上海交通大学出版社，2016.

[18] 路伟. 中国传统文化 [M]. 桂林：广西师范大学出版社，2016.

[19] 周臻，黎莉，华雪春著. 中国传统文化 [M]. 北京：航空工业出版社，2015.

[20] 刘芳，种剑德，王玉红著. 中国传统文化 [M]. 北京：中国传媒大学出版社，2015.

[21] 朱岚. 中国传统文化 [M]. 北京：国家行政学院出版社，2013.

[22] 张义明，易宏军，蔡云辉. 中国传统文化 [M]. 西安：西北大学出版社，2012.

[22] 刘金同，马良洪，高玉婷. 中国传统文化 [M]. 天津：天津大学出版社，2009.

[23] 李宝龙，杨淑琴，孙亚利，冯茳，赵和文，张旭山. 中国传统文化 [M]. 北京：中国人民公安大学出版社，2006.

[24] 刘经纬. 中国传统文化 [M]. 哈尔滨：东北林业大学出版社，2005.

[25] 常彦. 中国传统文化导论 [M]. 陕西师范大学出版总社，2018.

[26] 柳岳梅，龚敏，李桂奎，陈芳.《红楼梦》与中国传统文化 [M]. 上海：上海财经大学出版社，2018.

[27] 李宽松，罗香萍. 中国传统文化概论 [M]. 广州：中山大学出版社，2018.

[28] 夏文杰. 中国传统文化与传统建筑 [M]. 北京：北京工业大学出版社，2018.

[29] 苏智良，陈恒. 近代江南与中国传统文化 [M]. 上海：上海三联书店，2018.

[29] 刘冰. 中国传统文化通识教育 [M]. 吉林出版集团股份有限公司，2018.

[30] 向秀清. 中国传统文化与艺术欣赏 [M]. 重庆：重庆大学出版社，2018.

[31] 李艳华. 环境艺术设计及中国本土特殊性研究 [M]. 北京：中国水利水电出版社，2019.

[32] 颜文明. 中国传统美学与环境艺术设计 [M]. 武汉：华中科技大学出版社，2017.